普通高等教育"十二五"规划教材

概率论与数理统计

主　编　蔡高玉
副主编　朱晓颖　陈小平

科学出版社
北　京

内 容 简 介

本书主要是为独立学院、民办高校的本科非数学专业学生编写的. 全书共8章, 包括随机事件与概率、随机变量及其分布、多维随机变量及其概率分布、随机变量的数字特征、大数定律与中心极限定理、样本及抽样分布、参数估计、假设检验等内容.

本书可作为民办高等学校、独立学院本科非数学专业的数学教材, 也可供其他高等学校的学生使用.

图书在版编目(CIP)数据

概率论与数理统计/蔡高玉主编. —北京: 科学出版社, 2013

普通高等教育"十二五"规划教材

ISBN 978-7-03-038382-2

Ⅰ. ①概… Ⅱ. ①蔡… Ⅲ. ①概率论-高等学校-教材 ②数理统计-高等学校-教材 Ⅳ. ①O21

中国版本图书馆 CIP 数据核字(2013)第 189879 号

责任编辑: 相 凌 李香叶 / 责任校对: 刘亚琦
责任印制: 肖 兴 / 封面设计: 华路天然工作室

科 学 出 版 社 出版
北京东黄城根北街 16 号
邮政编码: 100717
http://www.sciencep.com

新科印刷厂 印刷
科学出版社发行 各地新华书店经销

*

2013 年 8 月第 一 版　开本: 787×1092　1/16
2013 年 8 月第一次印刷　印张: 11
字数: 288 000

定价: 28.00 元
(如有印装质量问题, 我社负责调换)

前　言

随着科学和技术的高速发展、数学自身的发展与应用领域的不断扩大,当今数学的科学地位发生了巨大的变化,这迫使数学教育必须针对形势的发展与变化,进行教学内容及课程体系的改革.

当前,民办高校、独立学院大多定位于培养创新应用型本科人才,但是教学时照搬公立大学成熟的概率论与数理统计教材,会导致概率论与数理统计教育偏离应用型人才的培养目标.因此,通过课程改革加强对学生实践能力与创新能力的培养,逐步提高办学质量,逐步形成民办高校、独立学院的办学特色已成为此类院校的当务之急.正是在这一形势下,我们在总结多年本科教学经验、探索此类院校本科教学发展动向、分析同类教材发展趋势的基础上,编写了这本适合民办高校、独立学院本科生工科类专业使用的概率论与数理统计教材.

本书依据教育部《工科类本科数学基础课程教学基本要求》编写而成,遵循"重视基本概念、培养基本能力、力求贴近实际应用"的原则,充分考虑这一课程是处理随机现象的课程.我们致力于讲清最基本的概念和方法,并用大量的例题来说明其应用的广泛性.

本书突出概率论与数理统计的基本思想和基本方法;帮助学生掌握基本概念,增强实用性,加大课堂信息量;对很多抽象的概念,尽量采用通俗的语言加以描述.加强基本能力的培养:本书例题、习题较多,有助于学生检测学习效果和巩固相关知识.内容和难度适中:考虑到学生的数学基础,对于一些难度较大且超出教学基本要求的知识不予编入.

本书第 1、2、8 章由蔡高玉编写,第 3、4、7 章由朱晓颖编写,第 5、6 章由陈小平编写.全书由蔡高玉统稿.

虽然我们努力使本书成为一本既有新意又便于教学的教材,但由于缺乏经验而且水平有限,书中不尽如人意的地方,恳请各位专家和广大读者批评指正,提出宝贵意见,我们将作进一步改进.

编　者

2013 年 4 月

目 录

前言

第1章 随机事件与概率 ………………………………………………………………… 1
  1.1 排列与组合 ……………………………………………………………………… 1
    1.1.1 两个基本原理 ……………………………………………………………… 1
    1.1.2 排列 ………………………………………………………………………… 1
    1.1.3 组合 ………………………………………………………………………… 3
  1.2 随机事件 ………………………………………………………………………… 4
    1.2.1 随机试验与样本空间 ……………………………………………………… 4
    1.2.2 随机事件 …………………………………………………………………… 5
    1.2.3 随机事件的关系与运算 …………………………………………………… 6
  1.3 频率与概率 ……………………………………………………………………… 9
    1.3.1 频率 ………………………………………………………………………… 9
    1.3.2 概率 ………………………………………………………………………… 10
  1.4 古典概型 ………………………………………………………………………… 12
  1.5 条件概率 ………………………………………………………………………… 17
    1.5.1 条件概率 …………………………………………………………………… 17
    1.5.2 乘法定理 …………………………………………………………………… 18
    1.5.3 全概率公式与贝叶斯公式 ………………………………………………… 20
  1.6 独立性 …………………………………………………………………………… 23
    1.6.1 独立性 ……………………………………………………………………… 23
    1.6.2 独立性的应用 ……………………………………………………………… 25
  习题 …………………………………………………………………………………… 26

第2章 随机变量及其分布 ……………………………………………………………… 31
  2.1 随机变量 ………………………………………………………………………… 31
  2.2 离散型随机变量 ………………………………………………………………… 32
    2.2.1 离散型随机变量及其分布律 ……………………………………………… 32
    2.2.2 常见离散型随机变量 ……………………………………………………… 34
  2.3 随机变量的分布函数 …………………………………………………………… 38
    2.3.1 分布函数的概念 …………………………………………………………… 38
    2.3.2 分布函数的性质 …………………………………………………………… 39
  2.4 连续型随机变量及其概率密度 ………………………………………………… 43
    2.4.1 连续型随机变量及其概率密度 …………………………………………… 43
    2.4.2 常见连续型随机变量 ……………………………………………………… 46
  2.5 随机变量的函数的分布 ………………………………………………………… 53
    2.5.1 离散型随机变量的函数的分布 …………………………………………… 53

2.5.2　连续型随机变量的函数的分布 ·············· 54
　习题 ·· 57
第3章　多维随机变量及其概率分布 ···························· 62
　3.1　二维随机变量的概念 ·· 62
　　3.1.1　二维随机变量及其分布函数 ·························· 62
　　3.1.2　二维离散型随机变量联合概率分布 ··················· 63
　　3.1.3　二维连续型随机变量的联合概率密度 ················· 64
　3.2　边缘分布 ·· 66
　　3.2.1　二维随机变量的边缘分布函数 ························ 66
　　3.2.2　二维离散型随机变量的边缘分布 ····················· 66
　　3.2.3　二维连续型随机变量的边缘概率密度 ················ 68
　3.3　条件分布 ·· 70
　　3.3.1　条件分布律 ··· 70
　　3.3.2　条件概率密度 ·· 71
　3.4　随机变量的独立 ··· 72
　　3.4.1　二维离散型随机变量的独立性 ························ 72
　　3.4.2　二维连续型随机变量的独立性 ························ 73
　　3.4.3　n 维随机变量 ·· 74
　3.5　两个随机变量的函数的分布 ································ 75
　　3.5.1　二维离散型随机变量函数的分布 ····················· 75
　　3.5.2　二维连续型随机变量的函数的分布密度 ············· 76
　习题 ·· 79
第4章　随机变量的数字特征 ···································· 83
　4.1　数学期望 ·· 83
　　4.1.1　随机变量的数学期望 ··································· 83
　　4.1.2　随机变量函数的数学期望 ····························· 85
　　4.1.3　随机变量数学期望的性质 ····························· 87
　　4.1.4　几个常用分布的数学期望 ····························· 88
　4.2　方差 ··· 91
　　4.2.1　方差的概念 ··· 91
　　4.2.2　方差的性质 ··· 92
　　4.2.3　几个常用分布的方差 ··································· 93
　4.3　协方差与相关系数 ·· 96
　　4.3.1　协方差与相关系数的概念 ····························· 96
　　4.3.2　协方差与相关系数的性质 ····························· 97
　习题 ·· 100
第5章　大数定律与中心极限定理 ······························· 105
　5.1　大数定律 ·· 105
　5.2　中心极限定理 ·· 108
　习题 ·· 110

第6章 样本及抽样分布 ... 112
6.1 随机样本 ... 112
6.2 抽样分布 ... 115
习题 ... 118

第7章 参数估计 ... 120
7.1 点估计 ... 120
7.1.1 矩估计法 ... 120
7.1.2 最大似然估计法 ... 122
7.2 点估计的评价标准 ... 126
7.2.1 无偏性 ... 126
7.2.2 有效性 ... 127
7.2.3 相合性 ... 128
7.3 置信区间 ... 128
7.3.1 置信区间的概念 ... 128
7.3.2 单个正态总体参数的置信区间 ... 129
7.4 单侧置信区间 ... 131
习题 ... 133

第8章 假设检验 ... 136
8.1 假设检验的基本思想和概念 ... 136
8.1.1 假设检验的基本思想 ... 136
8.1.2 假设检验的概念 ... 138
8.2 正态总体均值的假设检验 ... 139
8.2.1 正态总体均值的双边检验 ... 139
8.2.2 正态总体均值的单边检验 ... 142
8.3 正态总体方差的假设检验 ... 144
8.3.1 正态总体方差的双边检验 ... 144
8.3.2 正态总体方差的单边检验 ... 146
习题 ... 147

参考文献 ... 149
附表1 泊松分布数值表 ... 150
附表2 标准正态分布表 ... 152
附表3 χ^2 分布表 ... 153
附表4 t 分布表 ... 155
习题答案 ... 157

第1章 随机事件与概率

概率论与数理统计是研究和揭示随机现象统计规律性的一门数学分支学科. 本章介绍概率论中的基本概念——随机事件与随机事件的概率,并进一步讨论随机事件的关系与运算以及概率的性质及计算方法. 这些内容是进一步学习概率论的基础.

1.1 排列与组合

在古典概型计算事件的概率时,我们会经常用到排列组合及其总数计算公式. 为了方便读者学习,这里给出排列组合的定义及相关公式.

1.1.1 两个基本原理

1. 乘法原理

如果完成一个事件有 k 个步骤,第一步有 n_1 种方法,第二步 n_2 种方法,$\cdots$,第 k 步有 n_k 种方法,而且完成这件事情必须经过每一步,那么完成这件事共有
$$n = n_1 \times n_2 \times \cdots \times n_k$$
种方法.

例如,从一楼到二楼有 3 个楼梯可以走,从二楼到三楼有 2 个楼梯可以走,那么某人从 1 楼到 3 楼共有 $3 \times 2 = 6$ 种走法.

2. 加法原理

如果完成一个事件有 k 类方法,第一类有 n_1 种完成方法,第二类 n_2 种完成方法,$\cdots$,第 k 类有 n_k 种完成方法,任何两种方法都不相同,那么完成这件事共有
$$n = n_1 + n_2 + \cdots + n_k$$
种方法.

例如,由甲城到乙城去旅游有 3 类交通工具:汽车、火车、飞机. 而汽车有 5 个班次,火车有 3 个班次,飞机有 2 个班次,那么从甲城到乙城去旅游共有 $5+3+2=10$ 个班次可供旅游者选择.

1.1.2 排列

1. 选排列和全排列

从 n 个不同的元素 $a_1, a_2, \cdots, a_n$ 中,任取 $k(k \leqslant n)$ 个元素 $a_{i_1}, a_{i_2}, \cdots, a_{i_k}$ 按照一定顺序排成一列 $(a_{i_1} a_{i_2} \cdots a_{i_k})$,称为从 n 个元素中选 k 个元素的**选排列**,特别地,当 $k=n$ 时,称 $(a_{i_1} a_{i_2} \cdots a_{i_k})$ 为全排列.

下面看选排列和全排列的总数计算方法.

由于排在第 1 个位置上的元素 a_{i_1} 可以是 $a_1, a_2, \cdots, a_n$ 这 n 个元素中的某一个,有 n 种选

法,因为是不放回选取,排在第 2 个位置上的元素 a_{i_2} 只能是 $a_1,a_2,\cdots,a_n$ 中除去 a_{i_1} 的 $n-1$ 个元素中的某一个,从而 a_{i_2} 有 $n-1$ 种选法,$\cdots$,排在第 k 个位置上的元素 a_{i_k} 只能是 $a_1,a_2,\cdots,a_n$ 中除去 $a_{i_1},a_{i_2},\cdots,a_{i_{k-1}}$ 的 $n-k+1$ 个元素中的某一个,从而 a_{i_k} 有 $n-k+1$ 种选法.按照乘法原理,从 n 个不同的元素 $a_1,a_2,\cdots,a_n$ 中,任取 $k(k\leqslant n)$ 个元素可以构成

$$A_n^k = n(n-1)\cdots(n-k+1) = \frac{n!}{(n-k)!}$$

种不同的选排列.特别地,n 个不同的元素 $a_1,a_2,\cdots,a_n$ 可以构成

$$A_n^k = n(n-1)\cdots 1 = \frac{n!}{0!} = n!$$

种不同的全排列(规定).

例 1 用 1,2,3,4,5 这 5 个数字可以组成多少个没有重复数字的三位数?

解 组成三位数时首位数有 5 种取法,由于不允许有重复数字,则十位数有 4 种取法,同理,个位数有 3 种取法,故可以组成没有重复数字的三位数个数为

$$A_5^3 = 5 \times 4 \times 3 = 60.$$

例 2 有 10 本不同的书,5 个人去借,每人借 1 本,问有多少种不同的借法?

解 这个问题相当于从 10 本不同的书(10 个不同的元素)选 5 本书(5 个元素)构成的不同选排列的种数,故有

$$A_{10}^5 = \frac{10!}{5!} = 30240$$

种借法.

2. 有重复的排列

从 n 个不同的元素 $a_1,a_2,\cdots,a_n$ 中,每次取一个,放回后再取下一个,如此连续取 k 次所得的排列 $a_{i_1},a_{i_2},\cdots,a_{i_k}$ 按照一定顺序排成一列($a_{i_1}a_{i_2}\cdots a_{i_k}$),称为从 n 个元素中选 $k(k\geqslant 1)$ 个元素的**有重复排列**.这里的 k 允许大于 n.

下面看有重复排列的总数计算方法.

由于排在第 1 个位置上的元素 a_{i_1} 可以是 $a_1,a_2,\cdots,a_n$ 这 n 个元素中的某一个,有 n 种选法,排在第 2 个位置上的元素 a_{i_2} 也可以是 $a_1,a_2,\cdots,a_n$ 这 n 个元素中的某一个,故也有 n 种选法,同样,排在第 k 个位置上的元素 a_{i_k} 也可以是 $a_1,a_2,\cdots,a_n$ 这 n 个元素中的某一个,故也有 n 种选法.按照乘法原理,从 n 个不同的元素 $a_1,a_2,\cdots,a_n$ 中有放回抽取 $k(k\geqslant 1)$ 个元素可以构成

$$n \times n \times \cdots \times n = n^k$$

种不同的有重复排列.

例 3 用 1,2,3,4,5 这 5 个数字可以组成多少个三位数?

解 此例和例 1 的区别在于组成三位数的数字可以重复,是可重复排列问题,可组成的三位数个数为 $5^3 = 125$.

例 4 手机号码为 11 位数,问以 139 开头可以组成多少个手机号码?

解 从第 4 位到第 11 位每一位都可以是 $0,1,2,\cdots,9$ 这 10 个数字中的任意一个,是可重复排列问题,故手机号码个数为 10^8.

1.1.3 组合

1. 组合的定义

从 n 个不同的元素 $a_1, a_2, \cdots, a_n$ 中,任取 $k(k \leqslant n)$ 个元素 $a_{i_1}, a_{i_2}, \cdots, a_{i_k}$ 而不考虑其顺序组成一组 $(a_{i_1} a_{i_2} \cdots a_{i_k})$,称为从 n 个元素中选 k 个元素的组合,此种组合的总数为 C_n^k 或 $\binom{n}{k}$.

可以把选排列分解成下面两个步骤来完成:

第一步,从 n 个不同的元素 $a_1, a_2, \cdots, a_n$ 中任意抽取 $k(k \leqslant n)$ 个元素组成一组(这是一个组合);

第二步,将这一组 k 个元素进行排列(这是一个全排列),从而有
$$A_n^k = C_n^k k!.$$
由此得到组合计算公式,对 $1 \leqslant k \leqslant n$ 有
$$C_n^k = \binom{n}{k} = \frac{A_n^k}{k!} = \frac{n!}{k!(n-k)!} = \frac{n(n-1)\cdots(n-k+1)}{k!(n-k)!},$$
且规定 $C_n^0 = 1$. 若 $k > n$,规定 $C_n^k = 0$.

排列与组合都是计算"从 n 个元素中任取 k 个元素"的取法总数公式,其主要区别在于:如果不考虑取出元素间的次序,则用组合公式,否则用排列公式,而是否考虑元素间的次序,可以从实际问题中得以辨别.

例 5 有 10 个球队进行单循环比赛,问需安排多少场比赛?

解 这是从 10 个球队中任选 2 个进行组合的问题,故选法总数
$$C_{10}^2 = \frac{10 \times 9}{2!} = 45,$$
即需要安排 45 场比赛.

例 6 一个盒子中有 20 只球,其中红球 15 只,白球 5 只,从中任取 3 只球,其中恰有 1 只白球,问有多少种不同的取法?

解 取出的 3 只球中恰有 1 只白球,这只白球必须从 5 只白球中抽取,有 C_5^1 种取法;而取出的 3 只球中另外 2 只是红球,必须从 15 只红球中抽取,有 C_{15}^2 种取法,因此取法总数为
$$C_5^1 C_{15}^2 = 5 \times \frac{15 \times 14}{2!} = 525.$$

2. 关于组合的一些常用等式

(1) $C_n^k = C_n^{n-k}$. 事实上,
$$C_n^k = \frac{n!}{k!(n-k)!} = \frac{n!}{(n-k)!(n-(n-k))!} = C_n^{n-k}.$$
特别地,
$$C_n^0 = C_n^n = 1.$$

(2) $(a+b)^n = \sum_{k=0}^{n} C_n^k a^k b^{n-k}$. 此式称为二项展开式,$C_n^k (k=0,1,2,\cdots,n)$ 称为二项系数. 显然,$C_n^0 + C_n^1 + \cdots + C_n^k + \cdots + C_n^n = 2^n$.

1.2 随机事件

在自然界和社会活动中常常会出现各种各样的现象.有一类现象,在一定条件下必然发生.例如,一枚硬币向上抛起后必然会落地,同性电荷必然相互排斥,等等.这类现象的共同特点是,在确定的试验条件下它们会必然发生,称这类现象为**确定性现象**.另一类现象则不然.例如,在相同的条件下,向上抛一枚质地均匀的硬币,其结果可能是正面朝上,也可能是反面朝上,在每次抛掷之前无法肯定抛掷出现的结果是什么,这个试验有多于一种可能结果,但是在试验之前不能肯定试验会出现哪一个结果.同样地,同一门大炮对同一目标进行多次射击(同一型号的炮弹),各次弹着点可能不尽相同,并且每次射击之前无法肯定弹着点的确切位置,以上所举的现象都具有随机性,即在一定条件下进行试验或观察会出现不同的结果(也就是说,多于一种可能的试验结果),而且在每次试验之前都无法预言会出现哪一个结果(不能肯定试验会出现哪一个结果),这种现象称为**随机现象**.这种现象在大量重复试验中其结果又具有统计规律性,概率论与数理统计是研究和揭示随机现象统计规律性的一门数学学科.

1.2.1 随机试验与样本空间

1. 随机试验

在实际中我们会遇到各种各样的试验,包括各种各样的科学实验,以及对某事物的观察等.在随机现象的研究中,我们需要做大量的观测或试验.下面举一些试验的例子.

E_1:抛一枚硬币,观察正面 H,反面 T 出现的情况.

E_2:抛一颗骰子,观察出现的点数.

E_3:抛一枚硬币三次,观察正面 H,反面 T 出现的情况.

E_4:抛一枚硬币三次,观察出现正面的次数.

E_5:记录公交站某时刻的等车人数.

E_6:从某厂生产的相同型号的灯泡中抽取一只,测试它的寿命.

E_7:记录某地区 10 月份的最高气温和最低气温.

在实际生活中还存在许多随机试验的例子.例如,彩票的开奖,质检部门对产品的质量检查等.这些实验具有共同特点:对每个试验可以预先知道可能出现的所有可能结果,但是做实验之前不能知道试验将会出现什么结果,此外,试验可以在相同条件下重复进行.

定义 1.1 如果一个试验满足下列条件:

(1) 试验可以在相同的条件下重复进行;

(2) 试验的所有可能结果是明确的,可知道的(在试验之前就可以知道的)并且不止一个;

(3) 每次试验总是恰好出现这些可能结果中的一个,但在一次试验之前却不能肯定这次试验出现哪一个结果.

我们称这样的试验是一个**随机试验**,常用 E 表示.为方便起见,也简称为试验,今后讨论的试验都是指随机试验.

我们是通过随机试验来研究随机现象.

2. 样本空间

对于随机试验来说,我们感兴趣的往往是随机试验的所有可能结果.例如,掷一枚硬币,我们关心的是出现正面还是出现反面这两个可能结果.若我们观察的是掷两枚硬币的试验,则可能出现的结果有(正,正)、(正,反)、(反,正)、(反,反)四种,如果掷三枚硬币,其结果还要复杂,但还是可以将它们描述出来的,总之为了研究随机试验,必须知道随机试验的所有可能结果.

定义 1.2 试验 E 所有可能结果的组成的集合称为**样本空间**,记为 S. 样本空间中的元素,即 E 的每个可能结果称为一个**样本点**,常用 e 表示.

下面写出前面试验 $E_k(k=1,2,\cdots,7)$ 的样本空间 $S_k(k=1,2,\cdots,7)$:

$S_1 = \{H, T\}$;

$S_2 = \{1, 2, 3, 4, 5, 6\}$;

$S_3 = \{HHH, HHT, HTH, THH, HTT, THT, TTH, TTT\}$;

$S_4 = \{0, 1, 2, 3\}$;

$S_5 = \{0, 1, 2, 3, \cdots\}$;

$S_6 = \{t \mid t \geq 0\}$;

$S_7 = \{(x, y) \mid T_0 \leq x \leq y \leq T_1\}$,这里 x 表示最低温度(℃),y 表示最高温度(℃). 并设这一地区 10 月份的温度不会小于 T_0,也不会大于 T_1.

从这些例子可以看出,随着问题的不同,样本空间可以相当简单,也可以相当复杂,在今后的讨论中,都认为样本空间是预先给定的,当然对于一个实际问题或一个随机现象,考虑问题的角度不同,样本空间也可能选择不同.

在实际问题中,选择恰当的样本空间来研究随机现象是概率中值得研究的问题.

1.2.2 随机事件

在实际中,进行随机试验时,人们常常关心满足某种条件的那些样本点所组成的集合.

定义 1.3 试验 E 的样本空间 S 的子集为 E 的**随机事件**,简称**事件**.一般用字母 $A, B, C, \cdots$ 或 $A_1, A_2, A_3, \cdots$ 表示.特别地,由一个样本点组成的单点集,称为**基本事件**.

定义 1.4 在每次实验中,当且仅当这个子集中的一个样本点出现时,称为这一**事件发生**.

定义 1.5 样本空间 S 包含所有的样本点,它是 S 自身的子集,在每次实验中它总是发生,S 称为**必然事件**.空集 $\varnothing$ 不包含任何样本点,它也作为样本空间的子集,在每次实验中它总是不发生,$\varnothing$ 称为**不可能事件**.

实质上必然事件就是在每次试验中都发生的事件,不可能事件就是在每次试验中都不发生的事件.

下面举几个事件的例子.

例 1 试验 E_1 有两个基本事件 $\{H\}, \{T\}$;试验 E_2 有六个基本事件 $\{1\}, \{2\}, \cdots, \{6\}$.

例 2 在试验 E_3 中事件 A:"三次出现同一面",即
$$A = \{HHH, TTT\}.$$

例 3 在试验 E_6 中事件 B:"寿命小于 500 小时",即
$$B = \{t \mid 0 \leq t < 500\}.$$

例 4 一批产品共 10 件,其中 2 件次品,其余为正品,任取 3 件,则
$$A = \{恰有一件正品\},$$
$$B = \{恰有两件正品\},$$
$$C = \{至少有两件正品\}.$$

这些都是随机事件,而 $D=\{3$ 件中有正品$\}$ 为必然事件,$E=\{3$ 件都是次品$\}$ 为不可能事件.

随机事件可有不同的表达方式:一种是直接用语言描述,同一事件可有不同的描述;也可用样本空间子集的形式表示.此时,需要理解它所表达的实际含义,有利于对事件的理解.

1.2.3 随机事件的关系与运算

对于随机试验而言,它的样本空间 S 可以包含很多随机事件,分析事件之间的关系,可以帮助我们更深刻地认识随机事件,为此需要给出事件之间的关系与运算规律,有助于我们讨论复杂事件.

由于随机事件是样本空间的子集,因而事件的关系与运算和集合的关系与运算完全相类似.下面给出这些关系和运算在概率论中的提法,并根据"事件发生"的含义给出它们的概率意义.

1. 事件的包含关系与相等

设事件 A 发生必然导致事件 B 发生,则称**事件 B 包含事件 A**,或称**事件 A 包含于事件 B**,记作 $A \subset B, B \supset A$.

显然有,$\varnothing \subset A \subset S$.

例如,在试验 E_2 中,令 A 表示"出现 1 点",B 表示"出现奇数点",则 $A \subset B$,事件 A 就导致了事件 B 的发生,因为出现 1 点意味着奇数点出现了,所以 $A \subset B$ 可以给上述含义一个几何解释,设样本空间是一个正方体,A,B 是两个事件,也就是说,它们是 S 的子集,"A 发生必然导致 B 发生"意味着属于 A 的样本点在 B 中,由此可见,事件 $A \subset B$ 的含义与集合论是一致的.

若 $A \subset B$ 同时有 $B \subset A$,称 **A 与 B 相等**,记为 $A=B$. 易知相等的两个事件 A 与 B 总是同时发生或同时不发生,在同一样本空间中两个事件相等意味着它们含有相同的样本点.

2. 并(和)事件

称事件"A 与 B 中至少有一个发生"为 A 与 B 的**和事件**,也称为 A 与 B 的**并事件**. 记作 $A \cup B$. $A \cup B$ 发生意味着:或事件 A 发生,或事件 B 发生,或事件 A 和 B 都发生.

显然有,$A \cup \varnothing = A, A \cup S = S, A \cup A = A, A \subset A \cup B, B \subset A \cup B$.

若 $A \subset B$,则 $A \cup B = B$.

例 5 设某种圆柱形产品,若底面直径和高都合格,则该产品合格.

令 $A = \{$直径不合格$\}, B = \{$高度不合格$\}$,则 $A \cup B = \{$产品不合格$\}$.

例 6 甲乙两人向同一目标射击,令 A 表示"甲命中目标",B 表示"乙命中目标",C 表示"目标被命中",则 $C = A \cup B$.

类似地,设 n 个事件 $A_1, A_2, \cdots, A_n$,称"$A_1, A_2, \cdots, A_n$ 中至少有一个发生"这一事件为 $A_1, A_2, \cdots, A_n$ 的并,记作 $A_1 \cup A_2 \cup \cdots \cup A_n$ 或 $\bigcup_{i=1}^{n} A_i$.

称"$A_1, A_2, \cdots$ 中至少有一个发生"这一事件为 $A_1, A_2, \cdots$ 的并,记作 $A_1 \cup A_2 \cup \cdots$ 或 $\bigcup_{i=1}^{\infty} A_i$.

3. 积(交)事件

称事件"A 与 B 同时发生"为 A 与 B 的**积事件**,也称或 A 与 B 的**交事件**. 记作 $A \cap B$ 或

AB. AB 发生意味着:事件 A 发生且事件 B 也发生,也就是说,事件 A 和 B 都发生.

显然有, $A\cap\varnothing=\varnothing, A\cap S=A, A\cap A=A, A\cap B\subset A, A\cap B\subset B$.

若 $A\subset B$, 则 $AB=B$.

例 5 中若 $C=\{$直径合格$\}, D=\{$高度合格$\}$,则 $CD=\{$产品合格$\}$.

设 n 个事件 $A_1, A_2, \cdots, A_n$, 称" $A_1, A_2, \cdots, A_n$ 同时发生"这一事件为 $A_1, A_2, \cdots, A_n$ 的交,记作 $A_1\cap A_2\cap\cdots\cap A_n$ 或 $\bigcap_{i=1}^{n}A_i$.

称" $A_1, A_2, \cdots$ 同时发生"这一事件为 $A_1, A_2, \cdots$ 的交,记作 $A_1\cap A_2\cap\cdots$ 或 $\bigcap_{i=1}^{\infty}A_i$.

4. 差事件

称"事件 A 发生而 B 不发生"为事件为 A 与 B 的差事件,记作 $A-B$.

显然有, $A-B\subset A, A-\varnothing=A, A-B=A-AB$.

若 $A\subset B$,则 $A-B=\varnothing$.

例如,在试验 E_2 中,令 A 表示"出现偶数点", B 表示"出现的点数小于 5",则 $A-B$ 表示 "出现 6 点".

注意在定义事件差的运算时,并未要求一定有 $B\subset A$, 也就是说,没有包含关系 $B\subset A$ 照样可作差运算 $A-B$.

5. 互不相容事件(互斥事件)

若两个事件 A 与 B 不能同时发生,即 $AB=\varnothing$,称 A 与 B 为**互不相容事件**(或互斥事件),简称 A 与 B 为互不相容.

注意:任意两个基本事件之间都是互不相容的.

例如,在试验 E_2 中,令 A 表示"出现偶数点", B 表示"出现 5 点",显然 A 与 B 不能同时发生,即 A 与 B 是互不相容的.

设 n 个事件 $A_1, A_2, \cdots, A_n$, 两两互不相容,即 $A_iA_j=\varnothing(i\neq j, i,j=1,2,\cdots,n)$,称 $A_1, A_2, \cdots, A_n$ 互不相容.

6. 对立事件

称"事件 A 不发生"为 A 的对立事件或称为 A 的逆事件,记作 $\bar{A}$,即 $\bar{A}=S-A$. 也就是意味着在一次试验中 A 与 $\bar{A}$ 有且仅有一个发生,不是 A 发生就是 $\bar{A}$ 发生. 即 $A\cup\bar{A}=S$, $A\bar{A}=\varnothing$.

显然有, $\bar{\bar{A}}=A, \bar{S}=\varnothing, \bar{\varnothing}=S, A-B=A\bar{B}=A-AB$.

例 7 设有 100 件产品,其中 5 件产品为次品,从中任取 50 件产品. 记 $A=\{50$ 件产品中至少有一件次品$\}$,则 $\bar{A}=\{50$ 件产品中没有次品$\}=\{50$ 件产品全是正品$\}$.

由此说明,若事件 A 比较复杂,往往它的对立事件比较简单,因此我们在求复杂事件的概率时,往往可能转化为求它的对立事件的概率.

注意:若 A 与 B 为互不相容事件,则 A 与 B 不一定为对立事件. 但若 A 与 B 为对立事件,则 A 与 B 互不相容.

图 1.1~图 1.6 可以直观地表示以上事件之间的关系与运算. 例如,图 1.1 中矩形区域表示

样本空间 S,圆域 A 与圆域 B 分别表示事件 A 与事件 B. 又如图 1.3 中阴影部分表示积事件 AB.

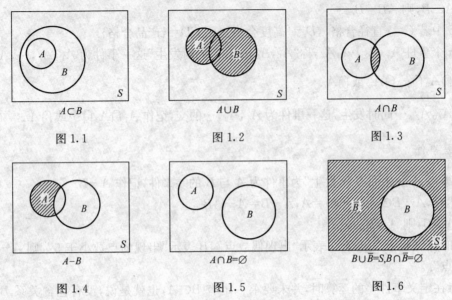

图 1.1　　　　图 1.2　　　　图 1.3

图 1.4　　　　图 1.5　　　　图 1.6

在进行事件运算时,经常要用到下述运算规律,设 A,B,C 为三事件,则有

交换律　$A \cup B = B \cup A, A \cap B = B \cap A$.

结合律　$(A \cup B) \cup C = A \cup (B \cup C), (A \cap B) \cap C = A \cap (B \cap C)$.

分配律　$A \cup (B \cap C) = (A \cup B) \cap (A \cup C), A \cap (B \cup C) = (A \cup C) \cap (B \cup C)$,

德·摩根律　$\overline{A \cup B} = \overline{A} \cap \overline{B}, \overline{A \cap B} = \overline{A} \cup \overline{B}$.

德·摩根律也叫对偶律,对于 n 个事件或无穷可列个事件,德·摩根律也成立,即

$$\overline{\bigcup_{i=1}^{n} A_i} = \bigcap_{i=1}^{n} \overline{A_i}, \quad \overline{\bigcap_{i=1}^{n} A_i} = \bigcup_{i=1}^{n} \overline{A_i};$$

$$\overline{\bigcup_{i=1}^{\infty} A_i} = \bigcap_{i=1}^{\infty} \overline{A_i}, \quad \overline{\bigcap_{i=1}^{\infty} A_i} = \bigcup_{i=1}^{\infty} \overline{A_i}.$$

例8　设 A,B,C 为 S 中的随机事件,试用 A,B,C 表示下列事件.

(1) 仅 A 发生;

(2) A,B,C 都不发生;

(3) A,B,C 至少有一发生;

(4) A,B,C 不全发生;

(5) A,B,C 恰有一个发生.

解　(1) $A\overline{B}\overline{C}$;

(2) $\overline{ABC}$;

(3) $A \cup B \cup C$;

(4) $\overline{ABC}$;

(5) $A\overline{B}\overline{C} \cup \overline{A}B\overline{C} \cup \overline{A}\overline{B}C$.

例9　某射手向同一目标射击 3 次,A_i 表示"第 i 次射击命中目标",$i=1,2,3$,B_j 表示"3 次射击中恰命中目标 j 次",$j=0,1,2,3$,试用 $A_i(i=1,2,3)$ 表示 $B_j(j=0,1,2,3)$.

解　(1) $B_0 = \overline{A_1}\,\overline{A_2}\,\overline{A_3}$;

(2) $B_1 = A_1 \overline{A_2}\, \overline{A_3} \cup \overline{A_1} A_2 \overline{A_3} \cup \overline{A_1}\, \overline{A_2} A_3$;

(3) $B_2 = A_1 A_2 \overline{A_3} \cup A_1 \overline{A_2} A_3 \cup \overline{A_1} A_2 A_3$;

(4) $B_3 = A_1 A_2 A_3$.

例 10 某城市的供水系统由甲、乙两个水源与三部分管道 1,2,3 组成(图 1.7). 每个水源都足以供应城市的用水.

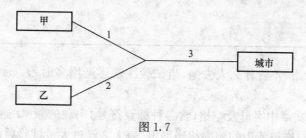

图 1.7

设事件 A_i 表示"第 i 个管道正常工作"($i=1,2,3$). 于是,"城市能正常供水"可表示为 $(A_1 \cup A_2) \cap A_3$. 由德·摩根律可知,"城市断水"可表示为

$$\overline{(A_1 \cup A_2) \cap A_3} = \overline{(A_1 \cup A_2)} \cup \overline{A_3} = (\overline{A_1} \cap \overline{A_2}) \cup \overline{A_3}.$$

1.3 频率与概率

对于一个事件来说,它在一次试验中可能发生,也可能不发生. 我们常常希望知道随机事件在一次试验中发生的可能性究竟有多大,并希望寻求一个合适的数来表示这种可能性的大小. 例如,光知道"明天会下雨"并没有多少意义,关键是要知道"明天下雨的可能性有多大". 若有 90% 的把握肯定"明天会下雨",那么明天出门时要带上防雨的装备. 一般地,对于任何一个随机事件都可以找到一个数值与之对应,该数值作为事件发生的可能性大小的度量. 为此,首先引入频率,它描述了事件发生的频繁程度,进而引出表征事件在一次试验中发生的可能性大小的数——概率.

1.3.1 频率

定义 1.6 在相同的条件下,进行 n 次试验,在这 n 次试验中,事件 A 发生的次数 n_A 称为事件 A 发生的**频数**. 比值 n_A/n 称为事件 A 发生的**频率**,记作 $f_n(A)$.

由定义,易见频率具有下述基本性质:

(1) $0 \leqslant f_n(A) \leqslant 1$;

(2) $f_n(S) = 1$;

(3) 若 $A_1, A_2, \cdots, A_k$ 是两两互不相容的事件,即 $A_i A_j = \varnothing (i \neq j, i,j = 1,2,\cdots,k)$ 则

$$f_n(A_1 \cup A_2 \cup \cdots \cup A_k) = f_n(A_1) + f_n(A_2) + \cdots + f_n(A_k). \tag{1.3.1}$$

由于事件 A 发生的频率表示 A 发生的频繁程度,频率大,事件 A 发生就频繁,这意味着事件 A 在一次试验中发生的可能性就大. 反之亦然. 因而,直观的想法是用频率来表示事件 A 在一次试验中发生的可能性的大小. 但是否可行,先看下面的例子.

例 1 在投掷硬币的试验中,历史上曾有许多著名科学家,对投掷结果为正面的随机事件 A 发生的频率作了试验观测,其结果见表 1.1.

表 1.1 随机事件 A 发生频率试验观测

实验者	投掷次数 n	出现正面次数 n_A	频率 $f_n(A)$
德·摩根	2048	1061	0.5181
蒲丰	4040	2048	0.5069
费勒	10000	4979	0.4979
K.皮尔逊	12000	6019	0.5016
K.皮尔逊	24000	12012	0.5005

从表 1.1 可以看出，不管什么人去抛，当试验次数逐渐增多时，$f_n(A)$ 总是在 0.5 附近摆动而逐渐稳定于 0.5.

例 2 研究英语文章中字母及空格(含各种标点符号)出现的频率. 通过大量重复试验，可以发现 26 个字母及空格被使用的频率相当稳定，表 1.2 经过大量试验后得出的结果.

表 1.2 英文字母被试用频率试验观测

字母	空格	E	T	O	A	N	I	R	S
频率	0.2	0.105	0.072	0.0654	0.063	0.059	0.055	0.054	0.052
字母	H	D	L	C	F	U	M	P	Y
频率	0.047	0.035	0.029	0.023	0.0225	0.0225	0.021	0.0175	0.012
字母	W	G	B	V	K	X	J	Q	Z
频率	0.012	0.011	0.0105	0.008	0.003	0.002	0.001	0.001	0.001

上述结果在打字机键盘的设计、印刷铅字的铸造、信息的编码及密码的破译等方面都有着十分广泛的应用.

从上面的例子可以看出，一个随机试验的随机事件 A，在 n 次试验中出现的频率 $f_n(A)$，当试验的次数 n 逐渐增多时，它在一个常数附近摆动，而逐渐稳定于这个常数. 这个常数是客观存在的，"频率稳定性"的性质，不断地为人类的实践活动所证实，它揭示了隐藏在随机现象中的规律性. 在具体问题中，按统计定义来求出概率是不现实的. 因此，在实际应用时，往往就简单地把频率当成概率来使用. 同时，为了研究的需要，我们从频率的稳定性和频率的性质得到启发，给出如下表征事件发生可能性大小的概率的定义.

1.3.2 概率

定义 1.7（概率的公理化定义） 设 E 是一个随机试验，S 是它的样本空间，对于任意一个事件 A，赋予一个实数，记作 $P(A)$，称为事件 A 的概率，如果集合函数 $P(\cdot)$ 满足下列条件：

(1) **非负性** $\forall A, P(A) \geqslant 0$；

(2) **规范性** $P(S) = 1$；

(3) **可列可加性** 若 $A_1, A_2, \cdots$ 是两两互不相容的事件，即 $A_i A_j = \varnothing, i \neq j, i, j = 1, 2, \cdots$ 有

$$P(A_1 \cup A_2 \cup \cdots) = P(A_1) + P(A_2) + \cdots. \tag{1.3.2}$$

在第 5 章中将证明，当 $n \to \infty$ 时频率 $f_n(A)$ 在一定意义下接近于概率 $P(A)$. 基于这一事实，我们就有理由将概率 $P(A)$ 用来表征事件 A 在一次试验中发生的可能性的大小.

由概率的定义可以推得概率的一些重要性质.

性质 1 $P(\varnothing)=0$.

证 令 $A_i=\varnothing\,(n=1,2,\cdots)$，则 $\bigcup\limits_{n=1}^{\infty}A_n=\varnothing$，且 $A_iA_j=\varnothing,i\neq j,i,j=1,2,\cdots$. 由概率的可列可加性 (1.3.2) 得

$$P(\varnothing)=P\Big(\bigcup_{n=1}^{\infty}A_n\Big)=\sum_{n=1}^{\infty}P(A_n)=\sum_{n=1}^{\infty}P(\varnothing).$$

由概率的非负性知 $P(\varnothing)\geqslant 0$，故由上式知 $P(\varnothing)=0$.

性质 2（有限可加性） 若 $A_1,A_2,\cdots,A_n$ 是两两互不相容的事件，即 $A_iA_j=\varnothing,i\neq j,i,j=1,2,\cdots,n$，有

$$P(A_1\cup A_2\cup\cdots\cup A_n)=P(A_1)+P(A_2)+\cdots+P(A_n). \tag{1.3.3}$$

证 令 $A_{n+1}=A_{n+2}=\cdots=\varnothing$，即有 $A_iA_j=\varnothing,i\neq j,i,j=1,2,\cdots$. 由概率的可列可加性 (1.3.2) 得

$$\begin{aligned}&P(A_1\cup A_2\cup\cdots\cup A_n)\\&=P\Big(\bigcup_{k=1}^{\infty}A_k\Big)=\sum_{k=1}^{\infty}P(A_k)\\&=\sum_{k=1}^{n}P(A_k)+0=P(A_1)+P(A_2)+\cdots+P(A_n).\end{aligned}$$

(1.3.3) 式得证.

性质 3 设 A,B 是两个事件，则有

$$P(B-A)=P(B)-P(AB). \tag{1.3.4}$$

特别地，若 $A\subset B$，则有 $P(B-A)=P(B)-P(A)$ 且 $P(B)\geqslant P(A)$.

证 由 $B=(B-A)\cup AB$（图 1.4）且 $(B-A)\cap AB=\varnothing$，再由概率的有限可加性 (1.3.3)，得

$$P(B)=P(B-A)+P(AB),$$

(1.3.4) 式得证.

若 $A\subset B$，则 $AB=A$，从而，$P(B-A)=P(B)-P(A)$；又由概率的非负性知 $P(B-A)\geqslant 0$，故 $P(B)\geqslant P(A)$.

性质 4 对于任意一事件 A 有

$$P(A)\leqslant 1.$$

证 因为 $A\subset S$，所以由性质 3 得 $P(A)\leqslant P(S)=1$.

性质 5 对于任意一事件 A 有

$$P(\overline{A})=1-P(A). \tag{1.3.5}$$

证 因为 $A\cup\overline{A}=S$，且 $A\overline{A}=\varnothing$，由性质 2 (1.3.3) 式，得

$$1=P(S)=P(A\cup\overline{A})=P(A)+P(\overline{A}).$$

性质 5 得证.

性质 6 设 A,B 是两个事件，则有

$$P(A\cup B)=P(A)+P(B)-P(AB). \tag{1.3.6}$$

特别地，若 A,B 互不相容，则 $P(A\cup B)=P(A)+P(B)$.

证 由 $A\cup B=A\cup(B-AB)$（图 1.2）且 $A\cap(B-AB)=\varnothing,AB\subset B$，故由 (1.3.3) 式及 (1.3.4) 式，得

$$P(A\cup B)=P(A)+P(B-AB)$$
$$=P(A)+P(B)-P(AB).$$

(1.3.6)式得证.

性质 6 可推广:设 A,B,C 是两个事件,则有
$$P(A\cup B\cup C)=P(A)+P(B)+P(C)-P(AB)$$
$$-P(AC)-P(BC)+P(ABC). \tag{1.3.7}$$

一般地,对于任意 n 个事件 $A_1,A_2,\cdots,A_n$,可以用归纳法证得
$$P(A_1\cup A_2\cup\cdots\cup A_n)$$
$$=\sum_{i=1}^{n}P(A_i)-\sum_{1\leqslant i<j\leqslant n}P(A_iA_j)$$
$$+\sum_{1\leqslant i<j<k\leqslant n}P(A_iA_jA_k)+\cdots+(-1)^nP(A_iA_jA_k). \tag{1.3.8}$$

例 3 设 A,B 为两个随机事件,$P(A)=0.5,P(A\cup B)=0.8,P(AB)=0.3$,求 $P(B)$,$P(\overline{A}B)$.

解 由 $P(A\cup B)=P(A)+P(B)-P(AB)$,得
$$P(B)=P(A\cup B)-P(A)+P(AB)=0.8-0.5+0.3=0.6,$$
$$P(\overline{A}B)=P(B)-P(AB)=0.6-0.3=0.3.$$

例 4 设事件 A,B 互不相容,$P(A)=0.5,P(B)=0.3$,求 $P(\overline{A}\overline{B})$.

解 $P(\overline{A}\overline{B})=P(\overline{A\cup B})=1-P(A\cup B)=1-P(A)-P(B)=1-(0.5+0.3)=0.2.$

例 5 设 A,B,C 为三个事件,且 $AB\subset C$. 证明 $P(A)+P(B)-P(C)\leqslant 1$.

解 因为 $P(A\cup B)=P(A)+P(B)-P(AB)$,又 $AB\subset C$,所以 $P(AB)\leqslant P(C)$,故
$$P(A)+P(B)-P(C)\leqslant P(A)+P(B)-P(AB)=P(A\cup B)\leqslant 1,$$
即 $P(A)+P(B)-P(C)\leqslant 1$.

例 6 设 $P(A)=P(B)=P(C)=\dfrac{1}{4},P(AB)=\dfrac{1}{8},P(AC)=P(BC)=0$,求 A,B,C 至少有一个发生的概率.

解 $P(A\cup B\cup C)=P(A)+P(B)+P(C)-P(AB)-P(AC)-P(BC)+P(ABC)$,因为 $ABC\subset BC$,所以 $0\leqslant P(ABC)\leqslant P(BC)=0$,从而 $P(ABC)=0$,故
$$P(A\cup B\cup C)=P(A)+P(B)+P(C)-P(AB)-P(AC)-P(BC)+P(ABC)$$
$$=\dfrac{1}{4}+\dfrac{1}{4}+\dfrac{1}{4}-\dfrac{1}{8}=\dfrac{5}{8}.$$

1.4 古典概型

古典概型是一类概率论发展历史上首先被人们研究的概率模型,它出现在较简单的一类随机试验中,它比较简单,既直观,又容易理解,同时有很广泛的应用.

在这类随机试验中总共只有有限个不同的结果出现,并且各种不同的结果出现的机会相等.例如,抛一枚均匀硬币,只有两种结果,而且两种结果等可能.同样,抛一枚质地均匀的骰子,它只有 6 种不同的结果,而且出现 6 种结果的可能性相同.

定义 1.8 如果一个随机试验,它们具有两个共同的特点:

(1) 试验的样本空间中的样本点只有有限个,也就是说基本事件的总数是有限的;

(2) 试验中每个基本事件发生的可能性相同.

具有以上两个特点的试验是大量存在的. 这种试验称为**古典概型**,也叫**等可能概型**.

下面介绍古典概型事件概率的计算公式.

设 S 为随机试验 E 的样本空间,其中所含样本点总数为 n, A 为一随机事件,其中所含样本点数为 r,则有

$$P(A) = \frac{r}{n} = \frac{A \text{ 中样本点数}}{S \text{ 中样本点总数}}, \tag{1.4.1}$$

也即

$$P(A) = \frac{r}{n} = \frac{A \text{ 所包含的基本事件数}}{\text{基本事件总数}}. \tag{1.4.2}$$

例 1 把一枚均匀硬币连抛两次,设事件 A 表示"出现两个正面"、事件 B 表示"出现两个相同的面",试求 $P(A)$ 与 $P(B)$.

解 把一枚硬币连抛两次看成一次试验,依次出现的向上的面看成一个样本点. 样本空间 $S = \{HH, HT, TH, TT\}$,这是一个古典概型.

$$A = \{HH\}, \quad B = \{HH, TT\}.$$

因此 $P(A) = \frac{1}{4}, P(B) = \frac{2}{4} = \frac{1}{2}$.

例 2 一个盒子中装有 10 只晶体管,其中 3 只是不合格品. 从这个盒子中依次随机地取 2 只晶体管. 在下列两种情形下分别求出两只晶体管中恰有 1 只是不合格品的概率:

(1) **有放回抽样** 第一次取出 1 只晶体管,作测试后放回盒子中,第二次再从盒子中取出 1 只晶体管;

(2) **无放回抽样** 第一次取出 1 只晶体管,作测试后不放回盒子中,第二次再从盒子中取出 1 只晶体管.

解 设事件 A 表示"两只晶体管中恰有 1 只是不合格品". 从盒子中依次取 2 只晶体管,每一种取法视作一个基本事件,易见,样本空间仅含有有限个元素. 由于是随机地取,所以每个基本事件发生的概率都相等.

(1) 有放回抽样

$$P(A) = \frac{7 \times 3 + 3 \times 7}{10 \times 10} = 0.42,$$

(2) 无放回抽样

$$P(A) = \frac{7 \times 3 + 3 \times 7}{10 \times 9} = 0.47$$

或

$$P(A) = \frac{C_7^1 \cdot C_3^1}{C_{10}^2} = 0.47.$$

例 3 把甲、乙、丙 3 名学生依次随机地分配到 5 间宿舍中去,假定每间宿舍最多可住 8 人. 试求这 3 名学生住在不同宿舍的概率.

解 设事件 A 表示"这 3 名学生住在不同的宿舍里",则

$$P(A) = \frac{5 \times 4 \times 3}{5^3} = \frac{12}{25} = 0.48.$$

注 在本例中,如果要求这三名学生中至少有两名住在同一宿舍中的概率,那么,由于这

个事件是事件 A 的对立事件 $\bar{A}$,因此,从直观上知道,这个概率为
$$P(\bar{A})=1-P(A)=1-0.48=0.52.$$

例 4 从 52 张扑克牌中取出 13 张牌来,问有 5 张黑桃、3 张红心、3 张方块、2 张草花的概率是多少?

解 设事件 A 表示"52 张牌中有 5 张黑桃、3 张红心、3 张方块、2 张草花",则
$$P(A)=\frac{C_{13}^5 C_{13}^3 C_{13}^3 C_{13}^2}{C_{52}^{13}}\approx 0.01293.$$

例 5 100 件产品,其中有 5 件次品,现从中抽取 50 件,求其中恰好有两件次品的概率.

解 设事件 A 表示"抽取 50 件产品恰好两件次品",则
$$P(A)=\frac{C_{95}^{48} C_5^2}{C_{100}^{50}}=0.32.$$

例 6 5 卷文集,将它们按任意次序放到书架上,试求下列事件的概率:

(1) 第一卷出现在旁边;
(2) 第三卷恰好在中央;
(3) 各卷自左向右或自右向左恰成 12345 的顺序;
(4) 某 3 卷放在一起.

解 (1) 设 A 表示"第一卷出现在旁边",则 $P(A)=\dfrac{2A_4^4}{A_5^5}=\dfrac{2}{5}$;

(2) 设 B 表示"第三卷恰好在中央",则 $P(B)=\dfrac{A_4^4}{A_5^5}=\dfrac{1}{5}$;

(3) 设 C 表示"各卷自左向右或自右向左恰成 12345 的顺序",则
$$P(C)=\frac{2}{A_5^5}=\frac{1}{60};$$

(4) 设 D 表示"某 3 卷放在一起",则 $P(D)=\dfrac{A_3^3 A_3^3}{A_5^5}=\dfrac{3}{10}.$

例 7 随机地将 15 名新生平均分配到 3 个班级中去,这 15 名新生中有 3 名是优秀生,试求下列事件的概率:

(1) 每个班级各分配到 1 名优秀生;
(2) 3 名优秀生分配在同一个班级.

分析 15 名新生平均分配到 3 个班级中的分法总数为 $n=C_{15}^5 C_{10}^5 C_5^5.$

(1) 先分 3 名优秀生,将 3 名优秀生分配到 3 个班级使每个班各分配到 1 名优秀生的分法有 A_3^3,对于每一种分法,其余 12 名新生平均分配到 3 个班级中去的分法共有 $C_{12}^4 C_8^4$,因此每个班级各分配到 1 名优秀生的分法共有 $A_3^3 C_{12}^4 C_8^4$ 种.

(2) 3 名优秀生,将 3 名优秀生分配在同一个班级的分法共有 3 种,对于每一种分法,其余 12 名新生(一个班 2 名,另两个班各 5 名)的分法共有 $C_{12}^2 C_{10}^5$,因此 3 名优秀生分配在同一个班级的分法共有 $3C_{12}^2 C_{10}^5$ 种.

解 5 名新生平均分配到 3 个班级中的分法总数为 $n=C_{15}^5 C_{10}^5$,

(1) 设 A 表示"每个班级各分配到 1 名优秀生",则 $P(A)=\dfrac{A_3^3 C_{12}^4 C_8^4}{C_{15}^5 C_{10}^5}=0.2747$;

(2) 设 B 表示"3 名优秀生分配在同一个班级",则 $P(B)=\dfrac{3C_{12}^2 C_{10}^5}{C_{15}^5 C_{10}^5}=0.0659.$

例8 从5双不同鞋号的鞋子中任意取4只,4只鞋子中至少有2只鞋子配成一双的概率是多少?

解 5双鞋子共10只,任意取4只,所有可能的基本事件总数为C_{10}^4,设A表示"4只鞋子中至少有2只鞋子配成一双".

解法一 A可以分成两种不同的情形:

(1) 恰有2只配成一双. 由于配成一双有C_5^1种取法,剩下的2只可以是其余4双中任2双各取1只,2双的取法共有C_4^2种,两双各取1只的取法共有2^2种,以上搭配共有$C_5^1 C_4^2 \cdot 2^2$种取法.

(2) 4只可配成2双. 共有C_5^2种取法. 故

$$P(A)=\frac{C_5^1 C_4^2 \cdot 2^2 + C_5^2}{C_{10}^4}=\frac{13}{21}.$$

解法二 $\overline{A}$表示"4只中没有2只鞋子配成一双"共有$C_5^4 \cdot 2^4$种取法,故

$$P(A)=1-P(\overline{A})=1-\frac{C_5^4 \cdot 2^4}{C_{10}^4}=\frac{13}{21}.$$

解法三 想鞋子是一只一只取出的,即注意了鞋子取出时的先后顺序,则需用排列,这时$n=A_{10}^4=5040$;$\overline{A}$表示"4只中没有2只鞋子配成一双",$\overline{A}$的样本点可这样来定:第一只有10种取法,第二只有8种取法(除去已取出的第一只及与第一只配成一双的另一只),第三、第四只各有6、4种取法,故

$$P(A)=1-P(\overline{A})=1-\frac{10 \times 8 \times 6 \times 4}{5040}=\frac{13}{21}.$$

例9 在1～3500中随机地取一整数,问取到的整数不能被6或8整除的概率是多少?

解 A表示"取到的整数能被6整除",B表示="取到的整数能被8整除",C表示"取到的整数不能被6或8整除",则$C=\overline{A \cup B}$,

$$P(C)=P(\overline{A \cup B})=1-P(A \cup B)=1-[P(A)+P(B)-P(AB)].$$

因为$583<\frac{3500}{6}<584, 437<\frac{3500}{8}<438, 145<\frac{3500}{24}<146$,所以

$$P(A)=\frac{583}{3500}, \quad P(B)=\frac{437}{3500}, \quad P(AB)=\frac{145}{3500}.$$

故

$$P(C)=1-\left(\frac{583}{3500}+\frac{437}{3500}-\frac{145}{3500}\right)=\frac{3}{4}.$$

从以上几个例子可以看到古典概型的计算,既有问题的多样性,又有方法与技巧的灵活性,在概率论的长期发展与实践中,人们发现实际中许多具体问题可以大致归纳为三类,它们具有典型的意义.

1. 抽球问题(摸球问题)

例10 箱中装有10个白球,8个黑球.

(1) 从中任取6个球,试求所取的球恰含4个白球和2个黑球的概率;

(2) 从中任意地接连取出6个球,如果每次被取出后不返回,试求最后取出的球是白球的概率.

解 (1) A 表示"所取的球恰含 4 个白球和 2 个黑球",

$$P(A)=\frac{C_{10}^4 C_8^2}{C_{18}^6};$$

(2) 设 B 表示"最后取出的球是白球",

$$P(B)=\frac{A_{17}^5 \cdot 10}{A_{18}^6}.$$

注意 如果将"白球、黑球"换成"正品、次品"或"甲物、乙物"等,就得到各种各样的抽球问题. 这就是抽球问题的典型意义所在.

2. 取数问题

例 11 从 $1,2,3,\cdots,10$ 这 10 个数中任取一个,假定各个数都以同样的概率被取中,取后放回,先后取 7 个数字,求下列事件的概率:

(1) $A_1=\{7$ 个数全不相同$\}$;
(2) $A_2=\{$不含 10 与 1$\}$;
(3) $A_3=\{5$ 恰好出现两次$\}$;
(4) $A_4=\{5$ 至少出现两次$\}$.

解 (1) $P(A_1)=\dfrac{A_{10}^7}{10^7}\approx 0.06048$;

(2) $P(A_2)=\dfrac{8^7}{10^7}\approx 0.2097$;

(3) $P(A_3)=\dfrac{C_7^2 \cdot 9^5}{10^7}\approx 0.124$;

(4) $P(A_4)=1-P(\overline{A}_4)=1-\dfrac{C_7^1 \cdot 9^6+9^7}{10^7}\approx 0.1497$.

3. 分房问题

例 12 设有 n 个人,每个人等可能地被分配到 N 个房间中的任意一间去住($n \leqslant N$),求下列事件的概率.

(1) $A=\{$指定的 n 个房间各有一个人住$\}$;
(2) $B=\{$恰好有 n 个房间,其中各住一个人$\}$.

解 (1) $P(A)=\dfrac{n!}{N^n}$;

(2) $P(B)=\dfrac{C_N^n \cdot n!}{N^n}=\dfrac{N!}{N^n(N-n)!}$.

注意 许多直观背景很不相同的实际问题,都可归结到这边一类:旅客下站问题,一列火车上有 n 名旅客,它在 N 个站上都停,旅客下站的各种可能情形;生日问题,n 个人的生日的可能情形,这时 $N=365$ 天;入格问题,n 个质点落入 N 个格子中;错误问题,n 个印刷错误在一本具有 N 页的书中;放球问题,把 n 个球放入 N 个盒子;意外事故问题,把 n 个意外事故按其发生在星期几来分类,$N=7$.

这三类问题属于比较典型的问题,除了这三类问题外还有很多问题,要靠大家去体会和掌握.

在讨论古典概型问题时,要注意不能忽视每一个基本事件都是等可能的.如果忽视了这一点,就会出错.

例 13 某接待站在某一周曾接待过 12 次来访,已知所有这 12 次接待都是在周二和周四进行的,问是否可以推断接待时间是有规定的?

解 假设接待站的接待时间是没有规定的,而各来访者在一周的任一天去找接待站是等可能的,那么 12 次接待来访者都是在周二和周四的概率为

$$\frac{2^{12}}{7^{12}} = 0.0000003.$$

人们在长期的实践中总结得到"**概率很小的事件在一次试验中实际上几乎是不发生的**",称之为**实际推断原理**.现在概率很小的事件在一次试验中竟然发生了,因此有理由怀疑假设的正确性,从而推断接待站不是每天都接待来访者,即认为接待时间是有规定的.

1.5 条件概率

在客观世界中,事物是互相联系、互相影响的,这对随机事件也不例外.在同一试验中,一个事件发生与否对其他事件发生的可能性的大小究竟是如何影响的?这便是本节将要讨论的内容.

1.5.1 条件概率

首先考察一个简单的例子.

例 1 某家电商店库存有甲、乙两联营厂生产的、相同牌号的冰箱 100 台.甲厂生产的 40 台中有 5 台次品;乙厂生产的 60 台中有 10 台次品.今工商质检部门随机地从库存的冰箱中抽检 1 台.试求抽检到的 1 台是次品(记为事件 A)的概率有多大?

解 显然事件 A 的概率是 $P(A) = \frac{15}{100}$.如果商店有意让质检部门从甲厂生产的冰箱中抽检 1 台.那么,这 1 台是次品的概率有多大?由于样本中间不再是全部库存的冰箱,而是缩小到甲厂生产的冰箱,因此这个概率为 $\frac{5}{40}$.这两个概率不相同是容易理解的,因为在第二个问题中所抽到的次品必是甲厂生产的,这比第一个问题多了一个"附加条件".设事件 B 表示"抽到的产品是甲厂生产的".第二个问题可以看成是,在"已知条件 B 发生"的附加条件下,求事件 A 的概率.这个概率便是下面将要研究的条件概率,记作 $P(A|B)$,它表示"在已知 B 发生的条件下,事件 A 的概率".前面已经算得 $P(A|B) = \frac{5}{40}$,仔细观察后发现,$P(A|B)$ 与 $P(B)$,$P(AB)$ 之间有如下关系

$$P(A|B) = \frac{5}{40} = \frac{\frac{5}{100}}{\frac{40}{100}} = \frac{P(AB)}{P(B)}.$$

上述关系式虽然是在特殊情形下得到的,但它对一般的古典概型、几何概率与频率都成立.

下面给出一般的定义.

定义 1.9 给定一个随机试验,S 是它的样本空间. 对于任意两个事件 A,B,其中 $P(B)>0$,称

$$P(A|B)=\frac{P(AB)}{P(B)} \tag{1.5.1}$$

为在已知事件 B 发生的条件下事件 A 发生的**条件概率**.

可以验证条件概率 $P(\cdot|B)$ 符合概率定义的三个条件,即

(1) 非负性　$\forall A, P(A|B) \geqslant 0$;

(2) 规范性　$P(S|B)=1$;

(3) 可列可加性　若 $A_1, A_2, \cdots$ 是两两互不相容的事件,即 $A_i A_j = \varnothing, i \neq j, i,j=1,2,\cdots$ 有

$$P(\bigcup_{i=1}^{\infty} A_i | B) = \sum_{i=1}^{\infty} P(A_i|B).$$

于是,1.3 节中证明的所有性质对条件概率依然适用. 但要注意,使用计算公式必须在同一条件下进行.

计算条件概率有两个基本的方法:其一,用定义计算;其二,在古典概型中利用古典概型的计算方法直接计算.

例 2　在全部产品中有 4% 是废品,有 72% 为一等品. 现从中任取一件为合格品,求它是一等品的概率.

解　设事件 A 表示"任取一件为合格品",事件 B 表示"任取一件为一等品". 按题意,$P(A)=0.96, P(B)=0.72$,由于 $B \subset A$,因此 $P(AB)=P(B)=0.72$,故所求条件概率为

$$P(B|A)=\frac{P(AB)}{P(A)}=\frac{0.72}{0.96}=0.75.$$

例 3　盒中有黄白两种颜色的乒乓球,黄色球 7 个,其中 3 个是新球;白色球 5 个,其中 4 个是新球. 现从中任取一球是新球,求它是白球的概率.

解　设事件 A 表示"任取一球为新球",事件 B 表示"任取一球为白球". 由古典概型的等可能性知所求概率为

$$P(B|A)=\frac{4}{7}.$$

例 4　某建筑物按设计要求使用寿命超过 50 年的概率为 0.8,超过 60 年的概率为 0.6. 该建筑物经历 50 年之后,它将在 10 年内倒塌的概率有多大?

解　设事件 A 表示"该建筑物使用寿命超过 50 年",事件 B 表示"该建筑物使用寿命超过 60 年". 按题意,$P(A)=0.8, P(B)=0.6$,由于 $B \subset A$,因此 $P(AB)=P(B)=0.6$,故所求条件概率为

$$P(\overline{B}|A)=1-P(B|A)=1-\frac{P(AB)}{P(A)}=1-\frac{0.6}{0.8}=0.25.$$

1.5.2　乘法定理

由条件概率的定义(定义 1.9)可以得到概率的乘法公式.

定理 1.1(乘法定理)　当 $P(A)>0$ 时,则有

$$P(AB)=P(A)P(B|A). \tag{1.5.2}$$

当 $P(B)>0$ 时,
$$P(AB)=P(B)P(A|B). \tag{1.5.3}$$

这就是概率的**乘法公式**.

乘法公式可以推广到更多个事件上去.

(1) 当 $P(AB)>0$ 时
$$P(ABC)=P(A)P(B|A)P(C|AB). \tag{1.5.4}$$

(2) 当 $P(A_1A_2\cdots A_{n-1})>0$ 时
$$P(A_1A_2\cdots A_n)=P(A_1)P(A_2|A_1)P(A_3|A_1A_2)\cdots P(A_n|A_1A_2\cdots A_{n-1}). \tag{1.5.5}$$

乘法公式的作用在于利用条件概率计算积事件的概率,它在概率计算中有着广泛的应用.

例5 某商店出售晶体管,每盒装 100 只,且已知每盒混有 4 只不合格品.商店采用"缺一赔十"的销售方式:顾客买一盒晶体管,如果随机地取 1 只发现是不合格品,商店要立刻把 10 只合格的晶体管放在盒子中,不合格的那只晶体管不再放回.顾客在一个盒子中随机地先后取 3 只进行测试,试求他发现全是不合格品的概率.

解 设事件 A_i 表示"顾客在第 i 次测试时发现晶体管是不合格",于是
$$P(A_1)=\frac{4}{100},$$
$$P(A_2|A_1)=\frac{3}{99+10}=\frac{3}{109},$$
$$P(A_3|A_1A_2)=\frac{2}{98+10+10}=\frac{2}{118}.$$

由乘法公式推得,所求概率为
$$P(A_1A_2A_3)=P(A_1)P(A_2|A_1)P(A_3|A_2A_1)$$
$$=\frac{4\times 3\times 2}{100\times 109\times 118}=0.00002.$$

注:在上面的例子中,计算条件概率时,没有使用条件概率的定义,而是用古典概型公式直接计算,只是把样本空间分别取作 A_1 与 A_1A_2.

例6 一批零件共 100 个,次品率为 10%,接连两次从这批零件中任取一个零件,第一次取出的零件不再放回去.求第二次才取得正品的概率.

解 设事件 A 表示"第一次取出的零件是次品",事件 B 表示"第二次取出的零件是正品",因为
$$P(A)=\frac{1}{10},\quad P(A|B)=\frac{90}{99},$$

则由乘法定理,所求的概率为
$$P(AB)=P(A)P(B|A)=\frac{10}{100}\cdot\frac{90}{99}=\frac{1}{11}.$$

例7 甲、乙两市都位于长江下游,据一百多年来的气象记录,知道在一年中的雨天的比例甲市占 20%,乙市占 18%,两地同时下雨占 12%.设事件 A 表示"甲市出现雨天",事件 B 表示"乙市出现雨天".求:

(1) 两市至少有一市是雨天的概率;

(2) 乙市出现雨天的条件下,甲市也出现雨天的概率;

(3) 甲市出现雨天的条件下,乙市也出现雨天的概率.

解 (1) $P(A \cup B) = P(A) + P(B) - P(AB) = 0.2 + 0.18 - 0.12 = 0.26$;

(2) $P(A|B) = \dfrac{P(AB)}{P(B)} = \dfrac{0.12}{0.18} = \dfrac{2}{3}$;

(3) $P(B|A) = \dfrac{P(AB)}{P(A)} = \dfrac{0.12}{0.20} = 0.60$.

例 8 设 $P(A) = 0.8, P(B) = 0.4, P(B|A) = 0.25$,求 $P(A|B)$.

解 因为 $P(AB) = P(A)P(B|A) = 0.8 \times 0.25 = 0.2$,所以
$$P(A|B) = \dfrac{P(AB)}{P(B)} = \dfrac{0.2}{0.4} = 0.5.$$

1.5.3 全概率公式与贝叶斯公式

首先来考察一个例子.

例 9 某商店有 100 台相同型号的冰箱待售,其中 60 台是甲厂生产的,25 台是乙厂生产的,15 台是丙厂生产的.已知这三个厂生产的冰箱质量不同,它们的不合格率依次为 0.1,0.4,0.2.一位顾客从这批冰箱中随机地取了 1 台.

(1) 试求顾客取到不合格冰箱的概率;

(2) 顾客开箱测试后发现冰箱不合格,但这台冰箱的厂标已经脱落,试问这台冰箱是甲厂、乙厂、丙厂生产的概率各为多少?

从题目给出的条件中,虽然无法确定取出的 1 台冰箱是哪个工厂生产的,但这台冰箱必定是三个工厂中的一个工厂生产的.基于这个简单事实,便可引出解决这类问题最方便的方法,这就是下面将要介绍的两个公式——全概率公式与贝叶斯(Bayes)公式.

定义 1.10 试验 E 的样本空间为 S,如果 E 中的 n 个事件 $A_1, A_2, \cdots, A_n$ 满足下列两个条件:

(1) $A_1, A_2, \cdots, A_n$ 两两互不相容,即 $A_i A_j = \varnothing, i \neq j, i, j = 1, 2, \cdots, n$;

(2) $A_1 \cup A_2 \cup \cdots \cup A_n = S$.

那么,称这 n 个事件 $A_1, A_2, \cdots, A_n$ 构成样本空间 S 一个**划分**(或构成一个完备事件组).

定理 1.2 设试验 E 的样本空间为 S,B 为 E 的一个事件,n 个事件 $A_1, A_2, \cdots, A_n$ 构成样本空间 S 一个划分,且 $P(A_i) > 0 (i = 1, \cdots, n)$ 时,有

$$P(B) = \sum_{i=1}^{n} P(A_i) P(B|A_i). \tag{1.5.6}$$

(1.5.6)式称为**全概率公式**.

证 由于 $B = B \cap S = B \cap (\bigcup_{i=1}^{n} A_i) = \bigcup_{i=1}^{n}(A_i B)$,且 $A_1 B, A_2 B, \cdots, A_n B$ 两两互不相容,因此,

$$P(B) = P\Big(\bigcup_{i=1}^{n}(A_i B)\Big) = \sum_{i=1}^{n} P(A_i B)$$
$$= \sum_{i=1}^{n} P(A_i) P(B|A_i).$$

在很多实际问题中 $P(A)$ 不容易直接求得,但却容易找到 S 的一个划分 $B_1, B_2, \cdots, B_n$,且 $P(B_i)$ 和 $P(A|B_i)$ 或为已知,或容易求得,那么就可以根据(1.5.6)式求出 $P(A)$.

另一个重要的公式是贝叶斯公式.

定理 1.3 设试验 E 的样本空间为 S, B 为 E 的一个事件, n 个事件 $A_1, A_2, \cdots, A_n$ 构成样本空间 S 一个划分, 且 $P(B) > 0$ 时, 有

$$P(A_i | B) = \frac{P(A_i)P(B|A_i)}{\sum_{i=1}^{n} P(A_i)P(B|A_i)}, \quad i = 1, \cdots, n. \tag{1.5.7}$$

(1.5.7)式称为贝叶斯公式.

证 由条件概率的定义及全概率公式, 立刻得到

$$P(A_i | B) = \frac{P(A_i B)}{P(B)} = \frac{P(A_i)P(B|A_i)}{\sum_{i=1}^{n} P(A_i)P(B|A_i)}.$$

例 9 的解 设事件 A_1, A_2, A_3 分别表示"顾客取到的冰箱是甲厂、乙厂、丙厂生产". 易见, A_1, A_2, A_3 构成样本空间的一个划分, 且

$$P(A_1) = 0.6, \quad P(A_2) = 0.25, \quad P(A_3) = 0.15.$$

(1) 设事件 B 表示"顾客取到的冰箱不合格". 按题意

$$P(B|A_1) = 0.1, \quad P(B|A_2) = 0.4, \quad P(B|A_3) = 0.2,$$

于是, 由全概率公式知道

$$P(B) = \sum_{i=1}^{3} P(A_i)P(B|A_i)$$
$$= 0.6 \times 0.1 + 0.25 \times 0.4 + 0.15 \times 0.2 = 0.19.$$

(2) 据题意, 由贝叶斯公式, 知

$$P(A_1|B) = \frac{P(A_1)P(B|A_1)}{\sum_{i=1}^{3} P(A_i)P(B|A_i)} = \frac{0.6 \times 0.1}{0.6 \times 0.1 + 0.25 \times 0.4 + 0.15 \times 0.2} = \frac{6}{19} = 0.316,$$

$$P(A_2|B) = \frac{P(A_2)P(B|A_2)}{\sum_{i=1}^{3} P(A_i)P(B|A_i)} = \frac{0.25 \times 0.4}{0.6 \times 0.1 + 0.25 \times 0.4 + 0.15 \times 0.2} = \frac{10}{19} = 0.516,$$

$$P(A_3|B) = \frac{P(A_3)P(B|A_3)}{\sum_{i=1}^{3} P(A_i)P(B|A_i)} = \frac{0.15 \times 0.2}{0.6 \times 0.1 + 0.25 \times 0.4 + 0.15 \times 0.2} = \frac{3}{19} = 0.158.$$

进一步, 顾客还可以得出结论, 这台无商标的不合格冰箱很可能是乙厂生产的, 因为在三个条件概率中 $P(A_2|B)$ 最大.

例 10 某工厂有四条生产线生产同一种产品, 该四条流水线的产量分别占总产量的 $15\%, 20\%, 30\%, 35\%$, 又这四条流水线的不合格品率为 $5\%, 4\%, 3\%$ 及 2%, 现在从出厂的产品中任取一件, 问恰好抽到不合格品的概率为多少?

解 令事件 A 表示"任取一件, 恰好抽到不合格品", 事件 B_i 表示"任取一件, 恰好抽到第 i 条流水线的产品" ($i = 1, 2, 3, 4$), 于是由全概率公式可得

$$P(A) = \sum_{i=1}^{4} P(B_i)P(A|B_i)$$
$$= 0.15 \times 0.05 + 0.2 \times 0.04 + 0.3 \times 0.03 + 0.35 \times 0.02 = 0.0325.$$

当一个较复杂的事件是由多种"原因"产生的样本点构成时, 往往可以考虑用全概率公式计算它的概率, 当已知试验结果而要追查"原因"时, 使用贝叶斯公式常常是有效的.

例 11 某厂生产的产品不合格率为 0.1%，但是没有适当的仪器进行检验．有人声称发明了一种仪器可以用来检验，误判的概率仅 5%，即把合格品判为不合格品的概率为 0.05，且把不合格品判为合格品的概率也是 0.05．试问厂长能否采用该人发明的仪器？

解 设事件 A 表示"随机地取 1 件产品为不合格品"，事件 B 表示"随机地取 1 件产品被仪器判为不合格"，按题意，有

$$P(A)=0.001, \quad P(\bar{A})=0.999,$$
$$P(B|A)=0.95, \quad P(B|\bar{A})=0.05.$$

根据贝叶斯公式，被仪器判为不合格的产品实际上也确是不合格品的概率为

$$P(A|B)=\frac{P(A)P(B|A)}{P(A)P(B|A)+P(\bar{A})P(B|\bar{A})}$$
$$=\frac{0.001\times 0.95}{0.001\times 0.95+0.999\times 0.05}=0.02.$$

故厂长考虑到产品的成本较高，不敢采用这台新发明的仪器，因为被仪器判为不合格的产品中实际上有 98% 的产品是合格的．

例 12 根据以往的临床记录，某种诊断癌症的试验具有如下效果：若事件 A 表示"试验反应为阳性"，事件 C 表示"被诊断者患有癌症"．已知 $P(A|C)=0.95, P(\bar{A}|\bar{C})=0.96$．现对自然人群进行普查，设被试验的人患有癌症的概率为 0.004，即 $P(C)=0.004$．求：

(1) $P(A)$；
(2) $P(C|A)$．

解 已知 $P(A|C)=0.95, P(A|\bar{C})=1-P(\bar{A}|\bar{C})=1-0.96=0.04,$
$$P(C)=0.004, \quad P(\bar{C})=0.996.$$

从而，有

$$P(A)=P(C)P(A|C)+P(\bar{C})P(A|\bar{C})$$
$$=0.004\times 0.95+0.996\times 0.04=0.0436.$$
$$P(C|A)=\frac{P(C)P(A|C)}{P(C)P(A|C)+P(\bar{C})P(A|\bar{C})}$$
$$=\frac{0.004\times 0.95}{0.004\times 0.95+0.996\times 0.04}=0.0871.$$

这表明试验结果呈阳性反应，而被检查者确实患有癌症的可能性并不大，还需要通过进一步检查才能确诊．

在此例中 $P(C)$ 是由以往的数据分析得到的，称为**先验概率**．而在得到信息（检验结果呈阳性）而重新加以修正的概率 $P(C|A)$ 称为**后验概率**．

贝叶斯公式在概率论与数理统计中有着多方面的应用，假定 $B_1, B_2, \cdots$ 是导致试验结果的"原因"，$P(B_i)$ 为先验概率，它反映了各种"原因"发生的可能性的大小，一般是以往经验的总结，在这次试验前已经知道，现在若试验产生了事件 A，这个信息将有助于探讨事件发生的"原因"，条件概率 $P(A|B_i)$ 为后验概率，它反映了试验之后对各种"原因"发生的可能性大小的新知识，如在医疗诊断中，有人为了诊断患者到底是患了 $B_1, B_2, \cdots$ 中的哪一种病，对患者进行观察与检查，确定了某个指标（如体温、脉搏、转氨酶含量等），他想用这类指标来帮助诊断，这时可以用贝叶斯公式来计算有关概率，首先必须确定先验概率 $P(B_i)$，这实际上是确定患各种疾病的大小，以往的资料可以给出一些初步数据（称为发病率），其次要确定 $P(A|B_i)$，这当然

要依靠医学知识,一般地,有经验的医生 $P(A|B_i)$ 掌握得比较准,从概率论的角度 $P(B_i|A)$ 的概率较大,患者患 B_i 种病的可能性较大,应多加考虑,在实际工作中检查指标 A 一般有多个,综合所有的后验概率,会对诊断有很大的帮助,在实现计算机自动诊断或辅助诊断中,这种方法是有实用价值的.

1.6 独 立 性

在 1.5 节引进条件概率的概念时,我们知道,一般情况下条件概率 $P(A|B)$ 不等于无条件概率 $P(A)$,但是也不排除有相等的情况.本节将引进随机事件独立性的概念,先从两个事件的独立性开始,然后讨论多个事件的独立性.

1.6.1 独立性

首先来考察一个简单的例子.

例1 设袋中有五个球(三白两黑),每次从中取一个,有放回地取两次,记事件 $A=\{$第一次取得白球$\}$,事件 $B=\{$第二次取得白球$\}$.求:$P(A),P(B),P(B|A)$.

解 显然 $P(A)=\dfrac{3}{5},P(B)=\dfrac{3}{5},P(B|A)=\dfrac{3}{5},P(B|A)=P(B)$,于是有

$$P(AB)=P(A)P(B|A)=\dfrac{3\times 3}{5\times 5}.$$

由此可得 $P(AB)=P(A)P(B)$.

定义 1.11 若

$$P(AB)=P(A)P(B), \tag{1.6.1}$$

则称事件 A 和 B 是相互独立的,简称为事件 A 和 B 独立.

依这个定义,必然事件 S 与不可能事件 $\varnothing$ 与任何事件都相互独立的,因为必然事件与不可能事件的发生与否,的确不受任何事件的影响,也不影响其他事件是否发生.

若 $P(A)>0,P(B)>0$,则 A 和 B 相互独立与 A 和 B 互不相容不能同时成立.

例2 分别掷两枚均匀的硬币,令事件 $A=\{$第一枚硬币出现正面$\}$,事件 $B=\{$第二枚硬币出现正面$\}$,验证事件 A 和 B 是相互独立的.

证 因为 $S=\{HH,HT,TH,TT\},A=\{HH,HT\},B=\{HH,TH\},AB=\{HH\}$,所以,

$$P(A)=P(B)=\dfrac{1}{2},\quad P(AB)=\dfrac{1}{4}=P(A)P(B),$$

故 A 和 B 是相互独立的.

实质上,在实际问题中,人们常用直觉来判断事件间的"相互独立"性,事实上,分别掷两枚硬币,硬币甲出现正面与否和硬币乙出现正面与否,相互之间没有影响,因而它们是相互独立的,当然有时直觉并不可靠.

事件的独立性有下面的性质.

定理 1.4 如果 $P(A)>0$,那么事件 A 与 B 相互独立的充分必要条件是 $P(B|A)=P(B)$;如果 $P(B)>0$,那么事件 A 与 B 相互独立的充分必要条件是 $P(A|B)=P(A)$.

定理的正确性是显然的.

定理 1.5 下列四个命题是等价的：

(1) 事件 A 与 B 相互独立；

(2) 事件 A 与 $\bar{B}$ 相互独立；

(3) 事件 $\bar{A}$ 与 B 相互独立；

(4) 事件 $\bar{A}$ 与 $\bar{B}$ 相互独立.

证 这里仅证明(1)与(2)的等价性，当(1)成立时，$P(AB)=P(A)P(B)$，由概率的性质可知

$$P(A\bar{B}) = P(A) - P(AB)$$
$$= P(A) - P(A)P(B)$$
$$= P(A)[1-P(B)]$$
$$= P(A)P(\bar{B}),$$

即 A 与 $\bar{B}$ 相立独立. 利用 $\bar{\bar{B}}=B$ 可以由(2)推得(1)成立.

例 3 设 A 与 B 相互独立，A 发生 B 不发生的概率与 B 发生 A 不发生的概率相等，且 $P(A)=\dfrac{1}{3}$，求 $P(B)$.

解 由题意，$P(A\bar{B})=P(\bar{A}B)$，因为 A 与 B 相互独立，所以 A 与 $\bar{B}$，$\bar{A}$ 与 B 也相互独立，故

$$P(A)P(\bar{B}) = P(\bar{A})P(B),$$
$$\frac{1}{3}P(\bar{B}) = \frac{2}{3}P(B),$$
$$1-P(B) = 2P(B),$$

故 $P(B)=\dfrac{1}{3}$.

事件的相互独立性可以推广到更多个事件上.

定义 1.12 对于任意三个事件 A,B,C，如果满足

$$\left.\begin{aligned}P(AB) &= P(A)P(B),\\ P(BC) &= P(B)P(C),\\ P(AC) &= P(A)P(C),\\ P(ABC) &= P(A)P(B)P(C),\end{aligned}\right\} \quad (1.6.2)$$

则称事件 A,B,C 相互独立.

定义 1.13 对于任意三个事件 A,B,C，如果满足

$$P(AB) = P(A)P(B),$$
$$P(BC) = P(B)P(C),$$
$$P(AC) = P(A)P(C),$$

则称事件 A,B,C 两两相互独立.

事件 A,B,C 相互独立必有事件 A,B,C 两两独立，但反之不然.

例 4 一个均匀的正四面体，其第一面染成红色，第二面染成白色，第三面染成黑色，第四面上同时染上红、黑、白三色，以 A,B,C 分别记投一次四面体，出现红、白、黑颜色的事件，则

$$P(A) = P(B) = P(C) = \frac{2}{4} = \frac{1}{2},$$

$$P(AB)=P(BC)=P(AC)=\frac{1}{4},$$

$$P(ABC)=\frac{1}{4},$$

故 A,B,C 两两相互独立，但不能推出 $P(ABC)=P(A)P(B)P(C)$.

定义 1.14 对 n 个事件 $A_1,A_2,\cdots,A_n$，若对于所有可能的组合 $1\leqslant i<j<k<\cdots\leqslant n$，有
$$P(A_iA_j)=P(A_i)P(A_j),$$
$$P(A_iA_jA_k)=P(A_i)P(A_j)P(A_k),$$
$$\cdots\cdots$$
$$P(A_1A_2\cdots A_n)=P(A_1)P(A_2)\cdots P(A_n),$$
则称 $A_1,A_2,\cdots,A_n$ 相互独立.

由定义，知(1) n 个事件 $A_1,A_2,\cdots,A_n$ 相互独立，则必须满足 2^n-n-1 个等式.

(2) n 个事件 $A_1,A_2,\cdots,A_n$ 相互独立，则它们中的任意 $m(2\leqslant m\leqslant n)$ 个事件也相互独立.

(3) n 个事件 $A_1,A_2,\cdots,A_n$ 相互独立，则将 $A_1,A_2,\cdots,A_n$ 中任意多个事件换成它们各自的对立事件，所得的 n 个事件仍相互独立.

1.6.2 独立性的应用

1. 相互独立事件至少有一个发生的概率计算

设 $A_1,A_2\cdots A_n$ 相互独立，则
$$\begin{aligned}P(A_1\cup A_2\cup\cdots\cup A_n)&=1-P(\overline{A_1\cup A_2\cup\cdots\cup A_n})\\&=1-P(\overline{A_1}\,\overline{A_2}\cdots\overline{A_n})\\&=1-P(\overline{A_1})P(\overline{A_2})\cdots P(\overline{A_n}).\end{aligned}$$

例 5 两射手彼此独立地向同一目标射击，设甲射中目标的概率为 0.9，乙射中目标的概率为 0.8，求目标被击中的概率.

解 设 A 表示"甲射中目标"，B 表示"乙射中目标"，C 表示"目标被击中"，则
$$\begin{aligned}P(C)&=P(A\cup B)\\&=P(A)+P(B)-P(AB)\\&=0.9+0.8-0.9\times 0.8=0.98,\end{aligned}$$
或
$$\begin{aligned}P(C)&=P(A\cup B)\\&=1-P(\overline{A})P(\overline{B})\\&=1-0.1\times 0.2=0.98.\end{aligned}$$

例 6 假若每个人血清中含有肝炎病毒的概率为 0.4%，混合 100 个人的血清，求此血清中含有肝炎病毒的概率.

解 设 $A_i=\{$第 i 个人血清中含有肝炎病毒$\}$，$i=1,2,\cdots,100$，可以认为 $A_1,A_2,\cdots,A_{100}$ 相互独立，所求的概率为
$$P(A_1\cup A_2\cup\cdots\cup A_{100})=1-P(\overline{A_1})P(\overline{A_2})\cdots P(\overline{A_{100}})=1-0.996^{100}=0.33.$$

虽然每个人有病毒的概率都是很小，但是混合后，则有很大的概率，在实际工作中，这类效应值得充分重视.

2. 独立性在可靠性理论中的应用

对于一个电子元件,它能正常工作的概率 p,称为它的可靠性.元件组成系统,系统正常工作的概率称为该系统的可靠性.随着近代电子技术的迅猛发展,关于元件和系统可靠性的研究已发展成为一门新的学科——可靠性理论.概率论是研究可靠性理论的重要工具.

例 7(串联系统) 设一个系统由 n 个相互独立的元件串联而成(图 1.8),第 i 个元件的可靠性为 $p_i(i=1,\cdots,n)$,试求这个串联系统的可靠性.

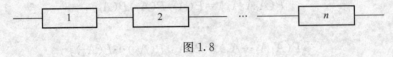

图 1.8

解 设事件 A_i 表示"第 i 个元件正常工作",$i=1,\cdots,n$.由于"串联系统能正常工作"等价于"这 n 个元件都正常工作",因此,所求的可靠性为

$$P(A_1 A_2 \cdots A_n) = \prod_{i=1}^{n} P(A_i) = \prod_{i=1}^{n} p_i.$$

例 8(并联系统) 设一个系统由 n 个相互独立的元件并联而成(图 1.9),第 i 个元件的可靠性为 $p_i(i=1,\cdots,n)$.试求这个并联系统的可靠性.

解 设事件 A_i 表示"第 i 个元件正常工作",$i=1,\cdots,n$.由于"并联系统能正常工作"等价于"这 n 个元件中至少有一个元件正常工作",所以,所求的可靠性为

$$P(A_1 \cup A_2 \cup \cdots \cup A_n) = 1 - P(\overline{A_1}\,\overline{A_2}\cdots\overline{A_n}) = 1 - \prod_{i=1}^{n} P(\overline{A_i}) = 1 - \prod_{i=1}^{n}(1-p_i).$$

例 9(混联系统) 设一个系统由 4 个元件组成,连接的方式如图 1.10 所示,每个元件的可靠性都是 p_i.试求这个混联系统的可靠性.

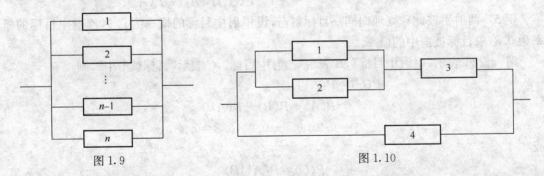

图 1.9　　　　　　　　图 1.10

解 元件 1 与 2 组成一个并联的子系统甲,由例 8 知这个子系统甲的可靠性为 $1-(1-p)^2=2p-p^2$.把子系统甲视为一个新的元件,它与元件 3 组成一个串联的子系统乙,整个系统由于系统乙(把它视为一个新的元件)与元件 4 并联而成,从而,整个混联系统的可靠性为

$$1-[1-(2p-p^2)p](1-p) = p+2p^2-3p^3+p^4.$$

习 题

1. 写出下列随机试验的样本空间:

(1) 同时抛两枚硬币,观察正反面朝上的情况;

(2) 同时掷两枚骰子,观察两枚骰子出现的点数之和;
(3) 生产产品直到得到 10 件正品为止,记录生产产品的总件数;
(4) 在某十字路口,1 小时内通过的机动车辆数;
(5) 在单位圆内任意取一点,记录它的坐标;
(6) 某城市一天的用电量.

2. 设 A,B,C 为 3 个事件,试用 A,B,C 的运算关系表示下列各事件:
(1) A,B 都发生而 C 不发生;
(2) A,B,C 中至少有一个发生;
(3) A,B 至少有一个发生而 C 不发生;
(4) A,B,C 都发生;
(5) A,B,C 都不发生;
(6) A,B,C 不多于一个发生;
(7) A,B,C 不多于两个发生;
(8) A,B,C 恰有两个发生;
(9) A,B,C 至少有两个发生;
(10) A,B,C 不都发生.

3. 设 A,B 为两个事件,试利用 A,B 的运算关系证明:
(1) $B=AB\cup\overline{A}B$,且 AB 与 $\overline{A}B$ 互不相容;
(2) $A\cup B=A\cup\overline{A}B$,且 A 与 $\overline{A}B$ 互不相容.

4. 某射手向一目标射击 3 次,A_i 表示"第 i 次射击命中目标",$i=1,2,3$,B_j 表示"3 次射击恰命中目标 j 次",$j=0,1,2,3$,试用 A_1,A_2,A_3 的运算表示 $B_j(j=0,1,2,3)$.

5. 已知 $P(A)=\dfrac{1}{2}$. (1) 若 A,B 为两个互不相容事件,求 $P(A\overline{B})$;(2) $P(AB)=\dfrac{1}{8}$, 求 $P(A\overline{B})$.

6. 设 A,B 为两个互不相容事件,$P(A)=0.5$,$P(B)=0.3$,求 $P(\overline{AB})$.

7. 设 A,B,C 是三个事件,且 $P(A)=P(B)=P(C)=\dfrac{1}{4}$,$P(AB)=P(BC)=0$,$P(AC)=\dfrac{1}{8}$,求:
(1) A,B,C 中至少有一个发生的概率;
(2) A,B,C 全不发生的概率.

8. 已知 $P(A)=\dfrac{1}{2}$,$P(B)=\dfrac{1}{3}$,$P(C)=\dfrac{1}{5}$,$P(AB)=\dfrac{1}{10}$,$P(AC)=\dfrac{1}{15}$,$P(BC)=\dfrac{1}{20}$,$P(ABC)=\dfrac{1}{30}$,求 $P(A\cup B)$,$P(\overline{AB})$,$P(A\cup B\cup C)$,$P(\overline{ABC})$,$P(\overline{AB}C)$,$P(\overline{AB}\cup C)$.

9. 在 50 件产品中,有 5 件次品,现从中任取 2 件,求 2 件中有不合格品的概率.

10. 一袋中装有 $n-1$ 只黑球和 1 只白球,每次从袋中随机摸出一球,并换入 1 只黑球,这样继续下去,问第 k 次摸到黑球的概率是多少?

11. 一袋中有 4 只白球和 2 只黑球,现从袋中取球两次,在下列两种情形下分别求出取得两只白球的概率.
(1) 第一次取出一只球,观察它的颜色后放回袋中,第二次再取出一只球;
(2) 从袋中任取两只球.

12. 设有 40 件产品,其中有 3 件次品,现从中抽取 3 件,求下列事件的概率.
   (1) 3 件中恰有 1 件次品;
   (2) 3 件中恰有 2 件次品;
   (3) 3 件全是次品;
   (4) 3 件全是正品;
   (5) 3 件中至少 1 件次品.

13. 从 1,2,3,4,5 五个数码中,任取 3 个不同数码排成一个三位数,求:
   (1) 所得三位数为偶数的概率;
   (2) 所得三位数为奇数的概率.

14. 口袋中有 10 个球,分别标有号码 1 到 10.现从中任选三个,记下取出球的号码,求:
   (1) 最小号码为 5 的概率;
   (2) 最大号码为 5 的概率.

15. 在 11 张卡片上分别写上 probability 这 11 个字母,从中任意连抽 7 张,求其排列结果为 ability 的概率.

16. 将 3 个球放入 4 个杯子,求:
   (1) 3 个球在不同杯子的概率;
   (2) 3 个球在同一个杯子的概率.

17. 罐中有 12 粒围棋子,其中 8 粒白子 4 粒黑子,从中任取 3 粒,求:
   (1) 取到的都是白子的概率;
   (2) 取到 2 粒白子 1 粒黑子的概率;
   (3) 至少取到 1 粒黑子的概率;
   (4) 取到的 3 粒棋子颜色相同的概率.

18. 设 $P(A)=0.5, P(A\bar{B})=0.3$,求 $P(B|A)$.

19. 设 $P(A)=\dfrac{1}{4}, P(B|A)=\dfrac{1}{3}, P(A|B)=\dfrac{1}{2}$,求 $P(A\cup B)$.

20. 设 $P(\bar{A})=0.3, P(B)=0.4, P(A\bar{B})=0.5$,求 $P(B|A\cup\bar{B})$.

21. 设某种动物的活到 20 岁的概率为 0.9,活到 25 岁的概率为 0.6.问年龄为 20 岁的这种动物活到 25 岁的概率为多少?

22. 在 10 个产品中,有 2 件次品,不放回地抽取 2 个产品,每次取一个,求取到的两件产品都是次品的概率.

23. 设某光学仪器厂制造的透镜,第一次落下时打破的概率为 $\dfrac{1}{2}$;若第一次落下未打破,第一次落下时打破的概率为 $\dfrac{7}{10}$;若前两次落下未打破,第一次落下时打破的概率为 $\dfrac{9}{10}$.试求透镜落下三次而未打破的概率.

24. 已知在 10 件产品中有 2 件次品,在其中取两次,每次任取一个,作不放回抽样.求下列事件的概率:
   (1) 两件都是正品;
   (2) 两件都是次品;
   (3) 一件是正品,一件是次品;

(4) 第二次取出的是次品.

25. 某人忘记了电话号码的最后一个数字,因而他随意地拨号.求他拨号不超过三次而接通所需电话的概率.若已知最后一个数字是奇数,那么此概率是多少?

26. 设在 n 张彩票中有一张奖券,有 3 个人参加抽奖.求第三个人抽到奖券的概率.

27. 两台车床加工同样的零件,第一台出现废品的概率为 0.03,第二台出现废品的概率为 0.02,加工出来的零件放在一起,并且已知第一台加工的零件比第二台加工的零件多一倍.求任取一零件是合格品的概率.

28. 在甲、乙、丙三个袋中,甲袋中有白球 2 个、黑球 1 个,乙袋中有白球 1 个、黑球 2 个,丙袋中有白球 2 个、黑球 2 个.现随机的选出一个袋子再从袋中取一球,问取出的球是白球的概率.

29. 钥匙掉了,掉在宿舍里、掉在教室里、掉在路上的概率分别为 40%,30%,30%,而钥匙在上述三处被找到的概率分别为 0.8,0.3 和 0.1.试求找到钥匙的概率.

30. 已知男性中有 5% 是色盲患者,女性中有 0.25% 是色盲患者.现从男女人数相当的人群中随机地挑选一人,恰好是色盲患者,问此人是男性的概率是多少?

31. 一学生接连参加同一课程的两次考试.第一次及格的概率为 p,若第一次及格则第二次及格的概率也为 p;若第一次不及格则第二次及格的概率为 $\dfrac{p}{2}$.

(1) 若至少有一次及格则他能取得某种资格,求他取得该资格的概率;

(2) 若已知他第二次已经及格,求他第一次及格的概率.

32. 有两箱同种类的零件,第一箱装 50 只,其中 10 只一等品;第二箱装 30 只,其中 18 只一等品.今从两箱中任挑一箱,然后从该箱中取零件两次,每次取一只,作不放回抽样.求:

(1) 第一次取到的零件是一等品的概率.

(2) 在第一次取到的零件是一等品的条件下,第二次取到的也是一等品的概率.

33. 病树的主人外出,委托邻居浇水,设已知如果不浇水,树死去的概率为 0.8.若浇水,树死去的概率为 0.15,有 0.9 的把握确定邻居会记得浇水.

(1) 求主人回来树还活着的概率.

(2) 若主人回来树已死去,求邻居忘记浇水的概率.

34. 3 人独立地破译一个密码,他们能单独译出的概率分别为 $\dfrac{1}{5},\dfrac{1}{3},\dfrac{1}{4}$.求此密码被译出的概率.

35. 3 门高射炮彼此独立地同时对一架敌机各发一炮,它们的命中率分别为 0.1,0.2,0.3,求敌机恰中一弹的概率.

36. 有甲、乙两批种子,发芽率分别为 0.8,0.9,在两批种子中各取一粒,设各种子是否发芽相互独立.求:

(1) 两粒种子都能发芽的概率;

(2) 至少有一粒种子能发芽的概率;

(3) 恰好有一粒种子能发芽的概率;

37. 设 $0<P(B)<1$,证明事件 A 与 B 相互独立的充要条件是 $P(A|B)=P(A|\bar{B})$.

38. 甲、乙两人进行乒乓球比赛,每局甲胜的概率为 $p,p\geqslant\dfrac{1}{2}$.问对甲而言,采用三局二胜制有利,还是五局三胜制有利.设各局胜负相互独立.

39. 甲、乙、丙三人同时对飞机进行射击,三人击中的概率分别为 0.4,0.5,0.7. 飞机被一人击中而被击落的概率为 0.2,飞机被两人击中而被击落的概率为 0.6,若三人都击中,飞机必定被击落.

(1) 求飞机被击落的概率;

(2) 若飞机被击落,则它是由两人击中的概率是多少?

40. (桥式系统)设一个系统由 5 个元件组成,连接的方式如图 1.11 所示,每个元件的可靠性都是 p_i,每个元件是否正常工作是相互独立的.试求这个桥式系统的可靠性.

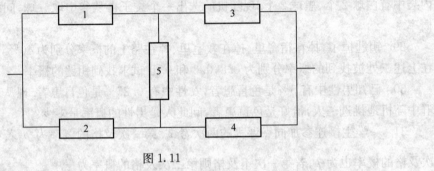

图 1.11

第2章 随机变量及其分布

概率论是从数量上来研究随机现象内在规律性的,为了更方便有力地研究随机现象,就要用高等数学的方法来研究,因此为了便于数学上的推导和计算,就需将任意的随机事件数量化. 当把一些非数量表示的随机事件用数字来表示时,就建立起了随机变量的概念.

2.1 随 机 变 量

在第1章我们看到一些随机试验,它们的结果可以用数来表示. 例如,抛一颗骰子出现的点数,抽样检查产品时发现的不合格的个数,建筑物的寿命等. 在这类随机试验中样本空间只是一个数集. 但是,还存在许多随机试验,它们的试验结果从表面上看并不与实数相联系. 例如,向上抛起一枚硬币,观察它落地时向上的面,在这种情形下,样本空间 S 是一个一般的集合,而不是一个数集. 尽管如此,我们还是可以人为地把试验结果与实数建立起一个对应关系.

例如,约定在硬币反面标上数字"0",在硬币正面标上数字"1". 这样. 样本空间{反面,正面}便转化成一个数集{0,1}. 当然,也可以任意指定另外两个不同的实数来建立对应关系. 这里取数字"0"和"1"仅是因为它们比较简单因而数学上比较容易处理的缘故.

从数学上看,上述对应关系犹如一个函数,把它记作 $X(e)$,即对于样本空间中的任意一个元素 e,它对应的"函数值"为 $X(e)$. 在上例中,

$$X(e)=\begin{cases} 0, & e=\text{反面}, \\ 1, & e=\text{正面}. \end{cases}$$

对于样本空间 S 本身就是一个数集的试验,我们可以理解成这样一个"函数":

$$X(e)=e, \text{对一切} e \in S, \text{其中} S \subset (-\infty,+\infty).$$

定义 2.1 给定一个随机试验 E,S 是它的样本空间. 如果对 S 中的每一个样本点 e,有一个实数 $X(e)$ 与它对应,那么我们就把这样一个定义在样本空间 S 上的单值实值函数 $X=X(e)$ 称为**随机变量**. 常用大写字母 $X,Y,Z,\cdots$ 或 $X_1,X_2,X_3,\cdots$ 来表示随机变量.

注意:这个函数与我们以前在高等数学中遇到的函数是有区别的,普通函数的自变量取实数值,而随机变量这个函数的自变量是样本点,它可以是一个实数(当样本空间为数集时),也可以不是实数(当样本空间不是数集时). 但是,随机变量取的值是实数,它的值域(即随机变量的取值范围)是一个数集,且这个值域与样本空间构成了一一对应关系. 随机变量 X 的值域记作 S_X.

图 2.1 给出了样本点 e 与实数 $X=X(e)$ 对应的示意图.

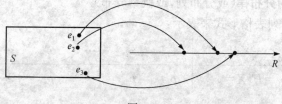

图 2.1

引入随机变量之后，随机事件及其概率都可以通过随机变量来表达. 例如，某厂生产的灯泡按国家标准合格品的使用寿命应不小于 1000 小时. 设事件 A 表示"从该厂产品中随机地取出一只灯泡，发现它是不合格品"。由于 $S=[0,+\infty)$，所以可用随机变量 X 表示"随机地取出一只灯泡的寿命"，这时 $S_X=S=[0,+\infty)$. 随机事件 A 可以表示成

$$\{0 \leqslant X < 1000\} \text{ 或 } X \in [0, 1000),$$

相应的概率 $P(A)$ 可以表示成

$$P\{0 \leqslant X < 1000\} \text{ 或 } P\{X \in [0, 1000)\}.$$

前面已对上抛一枚硬币的试验引进了随机变量 X. 设事件 A 表示"出现正面"，那么

$$A=\{X=1\}, \quad P(A)=P\{X=1\}=\frac{1}{2}.$$

一般地，对实数轴上任意一个集合 S. 如果 S 对应的样本点构成一个事件 A，即

$$\{e \mid X(e) \in S\} = A,$$

那么，我们便用 $\{X \in S\}$ 来表示事件 A，用 $P\{X \in S\}$ 来表示概率 $P(A)$.

从随机变量的取值情况来看，若随机变量的可能取值只要有限个或可列个则该随机变量为离散型随机变量，不是离散型随机变量统称为非离散型随机变量，若随机变量的取值是连续的，称为连续型随机变量，它是非离散型随机变量的特殊情形.

从随机变量的个数来分，随机变量可分为一维随机变量和多维随机变量.

随机变量的引入，使我们能用随机变量来描述各种随机现象，并能利用高等数学的方法对随机试验的结果进行深入广泛的研究和讨论.

2.2 离散型随机变量

有些随机变量，它的全部可能取值是有限个或可列无限多个. 例如，抛一颗骰子出现的点数 X，取值范围为 $\{1,2,3,4,5,6\}$，某 120 急救中心一昼夜接到的电话次数 Y，取值范围为 $\{0,1,2,\cdots\}$ 等.

2.2.1 离散型随机变量及其分布律

定义 2.2 定义在样本空间 S 上，取值于实数域 $\mathbf{R}$，且只取有限个或可列无限多个的随机变量 $X=X(e)$ 称为**一维离散型随机变量**，简称**离散型随机变量**.

离散型随机变量是一类特殊的随机变量. 讨论离散型随机变量 X 只知道它的全部可能取值是不够的，要掌握随机变量 X 的统计规律，还需要知道随机变量取这些可能值的概率.

定义 2.3 如果离散型随机变量 X 可能取值为 $x_i (i=1,2,\cdots)$，相应的取值的概率为 $p_i (i=1,2,\cdots)$，则称

$$p_i = P\{X=x_i\}, \quad i=1,2,\cdots \tag{2.2.1}$$

为离散型随机变量 X 的**分布律**（或分布列，或概率分布）.

分布律也可以用下列表格形式来表示：

X	x_1	x_2	$\cdots$	x_i	$\cdots$
$p_i=P\{X=x_i\}$	p_1	p_2	$\cdots$	p_i	$\cdots$

或

$$\begin{pmatrix} x_1 & x_2 & \cdots & x_i & \cdots \\ p_1 & p_2 & \cdots & p_i & \cdots \end{pmatrix}.$$

由概率的性质可知,任一离散型随机变量 X 的分布律 $\{p_i\}$ 都具有下述性质:

(1) 非负性: $p_i \geqslant 0, i=1,2,3,\cdots$;

(2) 规范性: $\sum\limits_{i} p_i = 1$.

反过来,任意一个具有以上性质的数列 $\{p_i\}$ 都可以看成某一个离散型随机变量的分布律.

性质(2)是因为随机事件 $\{X=x_i\}, i=1,2,3,\cdots$ 是两两互不相容的事件列,且 $\bigcup\limits_{i=1}^{\infty}\{X=x_i\}=S$,从而,

$$\sum_{i=1}^{\infty} p_i = \sum_{i=1}^{\infty} P\{X=x_i\} = P\left(\bigcup_{i=1}^{\infty}\{X=x_i\}\right) = P(S) = 1.$$

例 1 设离散型随机变量 X 的分布律为

X	0	1	2
p	0.2	a	0.5

求常数 a.

解 由分布律的性质知
$$1 = 0.2 + a + 0.5,$$
解得 $a = 0.3$.

例 2 设袋中有五个球(3 个白球 2 个黑球)从中任取两球,设取到的黑球数为随机变量 X,求随机变量 X 的分布律.

解 随机变量 X 的可能取值为 0,1,2,则

$$P\{X=0\} = \frac{C_3^2}{C_5^2} = \frac{3}{10}, \quad P\{X=1\} = \frac{C_2^1 C_3^1}{C_5^2} = \frac{6}{10}, \quad P\{X=2\} = \frac{C_2^2}{C_5^2} = \frac{1}{10},$$

即

X	0	1	2
p	$\frac{1}{10}$	$\frac{6}{10}$	$\frac{3}{10}$

例 3 某位足球运动员罚点球命中的概率为 0.8. 今给他 4 次罚球的机会,一旦命中即停止罚球. 假定各次罚球是相互独立的. 记随机变量 X 为这位运动员罚球的次数. 求随机变量 X 的分布律.

解 随机变量 X 的可能取值为 1,2,3,4,则
$$P\{X=1\} = 0.8,$$
由于事件 $\{X=2\}$ 表示"第一次罚球不中且第二次罚球命中",因此,
$$P\{X=2\} = 0.2 \times 0.8 = 0.16,$$
类似地,$P\{X=3\} = 0.2^2 \times 0.8 = 0.032$,由于事件 $\{X=4\}$ 表示"前三次都不中",因此,
$$P\{X=4\} = 0.2^3 = 0.008.$$
故 X 的概率分布为

X	1	2	3	4
p	0.8	0.16	0.032	0.008

在实际应用中,有时还要求"随机变量 X 满足某一条件"这样的事件的概率. 例如,$P\{X\leqslant 1\}$,$P\{1<X\leqslant 4\}$,$P\{X>5\}$ 等,求法就是把满足条件的 x_i 所对应的 p_i 相加可得. 在例 2 中

$$P\{X\leqslant 1\}=P\{X=0\}+P\{X=1\}=\frac{1}{10}+\frac{6}{10}=\frac{7}{10}.$$

在例 3 中

$$P\{1<X\leqslant 4\}=P\{X=2\}+P\{X=3\}+P\{X=4\}=0.16+0.032+0.008=0.2,$$
$$P\{X>3\}=P\{X=3\}+P\{X=4\}=0.032+0.008=0.04,$$
$$P\{X>5\}=0.$$

2.2.2 常见离散型随机变量

1. (0-1)分布

定义 2.4 设随机变量 X 只取两个可能值 $0,1$,且它的分布律是

$$P\{X=k\}=p^k(1-p)^{1-k},\quad k=0,1,\quad 0<p<1, \tag{2.2.2}$$

则称 X 服从以 p 为参数的**(0-1)分布**或**两点分布**;

(0-1)分布的分布律也可写为

X	0	1
p	$1-p$	p

两点分布是常见的一种概率分布,也是最简单的一种分布,任何一个只有两种可能结果的随机现象,比如新生婴儿是男还是女、明天是否下雨、种子是否发芽等,都属于两点分布.

例 4 在 100 件产品中,有 95 件是正品,5 件是次品,现从中任取一件,观察它是正品还是次品.

$$X=\begin{cases}0, & \text{取得次品,}\\ 1, & \text{取得正品.}\end{cases}$$

则

X	0	1
p	0.05	0.95

即 X 服从两点分布.

2. 伯努利试验、二项分布

定义 2.5 若试验 E 只有两个可能的结果:A 及 $\overline{A}$,称这个试验为**伯努利试验**. 设 $P(A)=p(0<p<1)$,此时 $P(\overline{A})=p$. 将试验 E 独立重复地进行 n 次,则称这一串重复的独立试验为 **n 重伯努利试验**.

这里"重复"是指在每次试验中 $P(A)=p$ 保持不变;"独立"是指各次试验的结果互不影响,即若以 C_i 记第 i 次试验的结果,C_i 为 A 或 $\overline{A}$,$i=1,2,3,\cdots,n$."独立"是指

$$P(C_1C_2\cdots C_n)=P(C_1)P(C_2)\cdots P(C_n).$$

n 重伯努利试验是一种很重要的数学模型,它有广泛的应用,是研究比较多的模型之一.

由此可知"一次抛掷 n 枚相同的硬币"的试验可以看成是一个 n 重伯努利试验.抛一颗骰子 n 次,观察是否"出现 1 点",也是一个 n 重伯努利试验.

对于一个 n 重伯努利试验,我们最关心的是在 n 次独立重复试验中,事件 A 恰好发生 $k(1 \leqslant k \leqslant n)$ 次的概率 $P_n(k)$.

事实上,A 在指定的 k 次试验中发生,而在其余 $n-k$ 次试验中不发生的概率为
$$p^k(1-p)^{n-k}.$$

又由于事件 A 的发生可以有各种排列顺序,n 次独立重复试验中事件 A 恰好发生 k 次,相当于在 n 个位置中选出 k 个,在这 k 个位置处事件 A 发生,由排列组合知识知共有 C_n^k 种选法.而这 C_n^k 种选法所对应的 C_n^k 个事件又是互不相容的,且这 C_n^k 个事件的概率都是 $p^k(1-p)^{n-k}$,按概率的可加性得到
$$P_n(k) = C_n^k p^k (1-p)^{n-k}.$$

由于 $C_n^k p^k (1-p)^{n-k}$ 恰好是 $(p+(1-p))^n$ 的展开式中的第 $k+1$ 项,所以也称此公式为二项概率公式.

例 5 某计算机设有 8 个终端.各终端的使用情况是相互独立的.且每个终端的使用率为 40%,试求下列事件的概率.

(1) $A_1 = $ "恰有 3 个终端被使用";

(2) $A_2 = $ "至少有 1 个终端被使用"

解 根据题意知,这是一个 8 重伯努利试验,$p=0.4$.从而,

(1) $P(A_1) = P_8(3) = C_8^3 (0.4)^3 (0.6)^5 = 0.2787$;

(2) $P(A_2) = 1 - P(\overline{A_2}) = 1 - P_8(0) = 1 - C_8^0 (0.4)^0 (0.6)^8 = 0.9832$.

例 6 某种电子管使用寿命在 2000 小时以上的概率为 0.2,求 5 个这样的电子管在使用了 2000 小时之后至多只有一个坏的概率.

解 这是一个 5 重伯努利概型,$p=0.2$.设 A 表示"5 个中至多只有 1 个坏",则所求概率
$$P(A) = P_5(4) + P_5(5) = C_5^4 (0.2)^4 (0.8)^1 + C_5^5 (0.2)^5 (0.8)^0 = 0.00672.$$

定义 2.6 设随机变量 X 的所有可能取值为 $k=0,1,2,\cdots,n$,且它的分布律是
$$P\{X=k\} = C_n^k p^k q^{n-k}, \quad q=1-p, k=0,1,2,\cdots,n, \tag{2.2.3}$$
则称 X 服从参数为 n,p 的**二项分布**,记作 $X \sim b(n,p)$.

显然,(1) $P\{X=k\} \geqslant 0, k=0,1,2,\cdots,n$;

(2) $\sum_{k=0}^{n} P\{X=k\} = \sum_{k=0}^{n} C_n^k p^k q^{n-k} = (p+q)^n = 1.$

特别地,(0-1)分布是二项分布当 $n=1$ 时的情形.

例 7 从积累的资料看,某条流水线生产的产品中,一级品率为 90%.今从某天生产的 1000 件产品中,随机地抽取 20 件作检查.试求:

(1) 恰有 18 件一级品的概率;

(2) 一级品不超过 18 件的概率.

解 设 X 表示"20 件产品中一级品的个数",则 $X \sim b(20, 0.9)$.

(1) 所求概率为
$$P\{X=18\} = C_{20}^{18} 0.9^{18} 0.1^2 = 0.285,$$

(2) 所求概率为

$$P\{X\leqslant 18\}=1-P\{X=19\}-P\{X=20\}$$
$$=1-C_{20}^{19}0.9^{19}0.1^{1}-C_{20}^{20}0.9^{20}0.1^{0}$$
$$=1-0.270-0.122=0.608.$$

例 8 一项测验共有 10 道选择题,每题 4 个答案中有且只有 1 个是正确的,如果考生不知道正确答案,而全凭随机猜测回答,那么他猜对 6 题的可能性多大? 如果本次测验规定至少做对 6 题才能及格,那么他及格的可能性多大?

解 设 X 表示"10 道选择题中猜对的题数",则 $X\sim b\left(10,\dfrac{1}{4}\right)$.

$$P\{X=6\}=C_{10}^{6}\left(\dfrac{1}{4}\right)^{6}\left(\dfrac{3}{4}\right)^{4}=0.01622,$$

$$P\{及格\}=P\{X\geqslant 6\}=\sum_{k=6}^{10}C_{10}^{k}\left(\dfrac{1}{4}\right)^{k}\left(\dfrac{3}{4}\right)^{10-k}=0.01971.$$

由此可见,如果考生不知道正确答案,而全凭随机猜测回答,他及格的可能性很小.

例 9 设 $X\sim b(2,p),Y\sim b(3,p).$ 且 $P\{X\geqslant 1\}=\dfrac{5}{9}$,试求 $P\{Y\geqslant 1\}$.

解 因为 $P\{X\geqslant 1\}=\dfrac{5}{9}$,所以

$$P\{X=0\}=1-P\{X\geqslant 1\}=\dfrac{4}{9},$$

即

$$C_{2}^{0}p^{0}(1-p)^{2}=\dfrac{4}{9},$$

由此得 $p=\dfrac{1}{3}$.

再由 $Y\sim b(3,p)$,知

$$P\{Y\geqslant 1\}=1-P\{Y=0\}=1-C_{3}^{0}\left(\dfrac{1}{3}\right)^{0}\left(\dfrac{2}{3}\right)^{3}=\dfrac{19}{27}.$$

3. 泊松分布

定义 2.7 设随机变量 X 的所有可能取值为 $k=0,1,2,\cdots$,且它的分布律是

$$P\{X=k\}=\dfrac{\lambda^{k}}{k!}\mathrm{e}^{-\lambda},\quad k=0,1,2,\cdots,\tag{2.2.4}$$

其中 $\lambda>0$,则称 X 服从参数为 λ 的**泊松(Poisson)分布**,记作 $X\sim\pi(\lambda)$.

显然,(1) $P\{X=k\}\geqslant 0,k=0,1,2,\cdots$;

(2) $\sum\limits_{k=0}^{\infty}P\{X=k\}=\sum\limits_{k=0}^{\infty}\dfrac{\lambda^{k}}{k!}\mathrm{e}^{-\lambda}=\mathrm{e}^{-\lambda}\sum\limits_{k=0}^{\infty}\dfrac{\lambda^{k}}{k!}=\mathrm{e}^{-\lambda}\mathrm{e}^{\lambda}=1.$

具有泊松分布的随机变量在实际应用中是很多的. 例如,观察电信局在单位时间内收到的遗失的信件数,某公共汽车站在单位时间内来站乘车的乘客数,放射性物质在规定的一段时间内,其放射的粒子数等. 泊松分布也是概率论中的一种重要分布,而概率论理论的研究又表明泊松分布在理论上也具有特殊重要的地位.

下面介绍泊松分布与二项分布之间的关系.

定理 2.1（泊松定理） 在 n 重伯努利试验中，事件 A 在一次试验中出现的概率为 p_n（与试验总数 n 有关）. 设 $np_n=\lambda$. 若当 $n\to\infty$ 时 ($\lambda>0$ 为常数)，则对于任意一个固定的非负整数 k，有

$$\lim_{n\to\infty} C_n^k p_n^k (1-p_n)^{n-k} = \frac{\lambda^k}{k!} e^{-\lambda}, \quad k=0,1,2,\cdots. \tag{2.2.5}$$

证 由 $p_n = \frac{\lambda}{n}$ 有

$$C_n^k p_n^k (1-p_n)^{n-k} = \frac{n(n-1)\cdots(n-k+1)}{k!} \left(\frac{\lambda}{n}\right)^k \left(1-\frac{\lambda}{n}\right)^{n-k}$$

$$= \frac{\lambda^k}{k!} \left[1\cdot\left(1-\frac{1}{n}\right)\cdots\left(1-\frac{k-1}{n}\right)\right] \left(1-\frac{\lambda}{n}\right)^n \left(1-\frac{\lambda}{n}\right)^{-k}.$$

对于任意一个固定的非负整数 k，当 $n\to\infty$ 时

$$1\cdot\left(1-\frac{1}{n}\right)\cdots\left(1-\frac{k-1}{n}\right) \to 1,$$

$$\left(1-\frac{\lambda}{n}\right)^n \to e^{-\lambda},$$

$$\left(1-\frac{\lambda}{n}\right)^{-k} \to 1.$$

故 $\lim\limits_{n\to\infty} C_n^k p_n^k (1-p_n)^{n-k} = \frac{\lambda^k}{k!} e^{-\lambda}, k=0,1,2,\cdots.$

定理条件 $np_n=\lambda$（常数）意味着当 n 很大时，p_n 必定很小，因此，上述定理表明当 n 很大时，p 很小 ($np=\lambda$) 时有以下近似式

$$C_n^k p_n^k (1-p_n)^{n-k} \approx \frac{\lambda^k}{k!} e^{-\lambda}. \tag{2.2.6}$$

例 10 已知某中疾病的发病率为 0.001，某单位共有 5000 人，问该单位患有这种疾病的人数超过 5 的概率为多大？

解 设该单位患这种疾病的人数为 X，则 $X\sim b(5000,0.001)$，从而，

$$P\{X>5\} = \sum_{k=6}^{5000} P\{X=k\} = \sum_{k=6}^{5000} C_{5000}^k (0.001)^k (0.999)^{5000-k},$$

这时如果直接计算 $P\{X>5\}$ 计算量较大. 由于 n 很大，p 较小，而 $np=5$ 不很大，可以利用泊松定理

$$P\{X>5\} = 1 - P\{X\leqslant 5\} \approx 1 - \sum_{k=0}^{5} \frac{5^k}{k!} e^{-5},$$

查泊松分布数值表得 $\sum\limits_{k=0}^{5} \frac{5^k}{k!} e^{-5} \approx 0.6160$，于是

$$P\{X>5\} \approx 1 - 0.616 = 0.384.$$

例 11 由该商店过去的销售记录知道，某种商品每月销售数可以用参数 $\lambda=10$ 的泊松分布来描述，为了以 95% 以上的把握保证不脱销，问商店在月底至少应进某种商品多少件？

解 设该商店每月销售某种商品 X 件，月底的进货为 a 件，则当 $\{X\leqslant a\}$ 时就不会脱销. 因而由题意知

$$P\{X\leqslant a\}\geqslant 0.95.$$

又 $X\sim\pi(10)$，所以 $\sum_{k=0}^{a}\frac{10^k}{k!}e^{-10}\geqslant 0.95.$

查泊松分布数值表得

$$\sum_{k=0}^{14}\frac{10^k}{k!}e^{-10}\approx 0.9166<0.95,$$

$$\sum_{k=0}^{15}\frac{10^k}{k!}e^{-10}\approx 0.9513>0.95.$$

于是这家商店只要在月底进货某种商品 15 件（假定上月没有存货）就可以以 95% 的把握保证这种商品在下个月不会脱销.

例 12 为了保证设备正常工作，需配备适量的维修工人（工人配备多了就浪费，配备少了又要影响生产），现有同类型设备 300 台，各台工作是相互独立的，发生故障的概率都是 0.01. 在通常情况下一台设备的故障可由一个人来处理（我们也只考虑这种情况），问至少需配备多少工人，才能保证设备发生故障但不能及时维修的概率小于 0.01?

解 设需要配备 N 人，记同一时刻发生故障的设备台数为 X，那么，$X\sim b(300,0.01)$. 所需解决的问题是确定最小的 N，使得

$$P\{X>N\}<0.01,$$

从而由泊松定理得

$$P\{X\leqslant N\}\approx\sum_{k=0}^{N}\frac{3^k e^{-3}}{k!},$$

即

$$1-\sum_{k=0}^{N}\frac{3^k e^{-3}}{k!}<0.01,$$

查表可得满足此式最小的 N 是 8. 故至少需配备 8 工人，才能保证设备发生故障但不能及时维修的概率小于 0.01.

2.3 随机变量的分布函数

对于非离散型随机变量 X，由于其可能取的值不能一一列举出来，因而就不能向离散型随机变量那样可以用分布律来描述它. 从而我们需要研究随机变量所取的值落在一个区间 $(x_1,x_2]$ 的概率 $P\{x_1<X\leqslant x_2\}$. 但由于

$$P\{x_1<X\leqslant x_2\}=P\{X\leqslant x_2\}-P\{X\leqslant x_1\},$$

所以只需要知道 $P\{X\leqslant x_2\}$，$P\{X\leqslant x_1\}$ 就可以了. 下面引入随机变量的分布函数的概念.

2.3.1 分布函数的概念

定义 2.8 设 X 定义在样本空间 S 上的随机变量，对于任意实数 x，函数

$$F(x)=P\{X\leqslant x\},\quad -\infty<x<+\infty, \tag{2.3.1}$$

称为随机变量 X 的**概率分布函数**，简称为**分布函数**或**分布**.

分布函数实质上就是事件 $\{X\leqslant x\}$ 的概率. 从而对于任意实数 $x_1,x_2(x_1<x_2)$ 有

$$P\{x_1<X\leqslant x_2\}=P\{X\leqslant x_2\}-P\{X\leqslant x_1\}=F(x_2)-F(x_1). \tag{2.3.2}$$

注意：随机变量的分布函数的定义适应于任意的随机变量，其中包含了离散型随机变量，即离散型随机变量既有分布律也有分布函数，二者都能完全描述它的统计规律性.

当随机变量 X 为离散型随机变量时，设 X 的分布律为
$$p_i = P\{X=x_i\}, \quad i=1,2,\cdots,$$
由于 $\{X\leqslant x\} = \bigcup_{x_i\leqslant x}\{X=x_i\}$，因此由概率性质知
$$F(x) = P\{X\leqslant x\} = \sum_{x_i\leqslant x} P\{X=x_i\} = \sum_{x_i\leqslant x} p_i,$$
即
$$F(x) = \sum_{x_i\leqslant x} p_i,$$
其中求和是对所有满足 $x_i\leqslant x$ 时 x_i 相应的概率 p_i 求和.

例1 设 X 的分布律为

X	0	1	2
p	0.3	0.4	0.3

求 X 的分布函数 $F(x)$.

解 当 $x\leqslant 0$ 时，$F(x) = P\{X\leqslant x\} = 0$；
当 $0<x\leqslant 1$ 时，$F(x) = P\{X\leqslant x\} = P\{X=0\} = 0.3$；
当 $1<x\leqslant 2$ 时，$F(x) = P\{X\leqslant x\} = P\{X=0\} + P\{X=1\} = 0.3+0.4 = 0.7$；
当 $x>2$ 时，$F(x) = P\{X\leqslant x\} = P\{X=0\} + P\{X=1\} + P\{X=2\} = 1$.

于是
$$F(x) = \begin{cases} 0, & x\leqslant 0, \\ 0.3, & 0<x\leqslant 1, \\ 0.7, & 1<x\leqslant 2, \\ 1, & x>2. \end{cases}$$

$F(x)$ 的图形如图 2.2 所示.

由 $F(x)$ 的图形可知，$F(x)$ 是分段函数，$y=F(x)$ 的图形是阶梯型曲线，在 X 的可能取值 $0,1,2$ 处为 $F(x)$ 的跳跃性间断点.

一般地，对于离散型随机变量 X，它的分布函数 $F(x)$ 在 X 的可能取值 $x_i(i=1,2,\cdots)$ 处具有跳跃值，跳跃值恰为该处的概率 $p_i = P\{X=x_i\}$，$F(x)$ 的图形是阶梯型曲线，$F(x)$ 为分段函数，分段点仍然是 $x_i(i=1,2,\cdots)$.

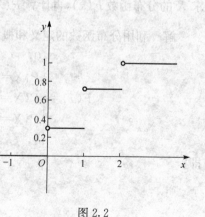

图 2.2

2.3.2 分布函数的性质

由概率的性质可知，分布函数具有以下性质.

(1) 非负性 $\forall x\in(-\infty,+\infty), 0\leqslant F(x)\leqslant 1$.

(2) 单调性 $F(x)$ 是不减函数，即对于任意的 $x_1<x_2$，有 $F(x_1)\leqslant F(x_2)$.

证 若 $x_1<x_2$，则有 $\{X\leqslant x_2\}\supset\{X\leqslant x_1\}$，从而
$$P\{X\leqslant x_2\}\geqslant P\{X\leqslant x_1\},$$
又因为
$$P\{x_1<X\leqslant x_2\} = P\{X\leqslant x_2\} - P\{X\leqslant x_1\} = F(x_2) - F(x_1),$$

所以 $P\{x_1\leqslant X<x_2\}=F(x_2)-F(x_1)\geqslant 0$，即 $F(x_1)\leqslant F(x_2)$.

(3) 极限性 $\lim\limits_{x\to-\infty}F(x)=F(-\infty)=0$，$\lim\limits_{x\to+\infty}F(x)=F(+\infty)=1$.

在此对这个性质只从几何上加以说明. 在图 2.3 中，将区间端点 x 沿数轴无限向左移动（即 $x\to-\infty$），则"随机点 X 落在点 x 的左边"这一事件趋于不可能事件，从而其概率趋于 0，即有 $F(-\infty)=0$；又若将点 x 沿数轴无限向右移动（即 $x\to+\infty$），则"随机点 X 落在点 x 的左边"这一事件趋于必然事件，从而其概率趋于 1，即有 $F(+\infty)=1$.

图 2.3

(4) 右连续性 $F(x)$ 右连续，即 $F(x+0)=\lim\limits_{\Delta x\to 0^+}F(x+\Delta x)=F(x)=0$.

上述性质是分布函数的基本性质，反过来还可以证明任一个满足这几个性质的函数，一定可以作为某个随机变量的分布函数.

知道了随机变量 X 的分布函数 $F(x)$，不仅可以求出 $\{X<x\}$ 的概率而且还可以计算下列一些事件的概率.

$$P\{X\leqslant b\}=F(b),$$
$$P\{a<X\leqslant b\}=F(b)-F(a),$$
$$P\{X>a\}=1-F(a),$$
$$P\{X<b\}=F(b)-P\{x=b\},$$
$$P\{a<X<b\}=F(b)-F(a)-P\{X=b\},$$
$$P\{X\geqslant a\}=1-F(a)+P\{X=a\}.$$
$$P\{a\leqslant X\leqslant b\}=F(b)-F(a)+P\{X=a\},$$
$$P\{a\leqslant X<b\}=F(b)-F(a)-P\{X=b\}+P\{X=a\}.$$

例 2 设随机变量 X 的分布律为

Y	0	1	2	3
p	$\dfrac{1}{2}$	$\dfrac{1}{4}$	$\dfrac{1}{8}$	$\dfrac{1}{8}$

求 X 的分布函数 $F(x)$，再计算 $P\{X\leqslant 0\}$，$P\{\dfrac{1}{2}<X\leqslant 3\}$，$P\{2\leqslant X\leqslant 4\}$.

解 利用分布函数的定义和概率的性质，容易求得分布函数为

$$F(x)=\begin{cases}0, & x<0,\\ P\{X=0\}, & 0\leqslant x<1,\\ P\{X=0\}+P\{X=1\}, & 1\leqslant x<2,\\ P\{X=0\}+P\{X=1\}+P\{X=2\}, & 2\leqslant x<3,\\ 1, & x\geqslant 3,\end{cases}$$

即

$$F(x)=\begin{cases}0, & x<0,\\ \dfrac{1}{2}, & 0\leqslant x<1,\\ \dfrac{3}{4}, & 1\leqslant x<2,\\ \dfrac{7}{8}, & 2\leqslant x<3,\\ 1, & x\geqslant 3.\end{cases}$$

于是
$$P\{X\leqslant 0\}=F(0)=\frac{1}{2},$$
$$P\left\{\frac{1}{2}<X\leqslant 3\right\}=F(3)-F\left(\frac{1}{2}\right)=\frac{1}{2},$$
$$P\{2\leqslant X\leqslant 4\}=F(4)-F(2)+P\{X=2\}=\frac{1}{4}.$$

例 3 袋中装有 5 只球,编号为 1,2,3,4,5. 从袋中同时取 3 只球,以 X 表示取出的 3 只球中最大的号码,求 X 的分布函数,$P\{X\leqslant 4\}$,$P\{0<X\leqslant 3\}$,$P\{1<X<6\}$.

解 随机变量 X 的所有可能取值为 3,4,5,则 X 的分布律为

X	3	4	5
p	$\frac{1}{10}$	$\frac{3}{10}$	$\frac{6}{10}$

其分布函数为
$$F(x)=\begin{cases}0, & x<3,\\ \dfrac{1}{10}, & 3\leqslant x<4,\\ \dfrac{4}{10}, & 4\leqslant x<5,\\ 1, & x\geqslant 5.\end{cases}$$

从而,
$$P\{X\leqslant 4\}=F(4)=\frac{4}{10},$$
$$P\{0<X\leqslant 3\}=F(3)-F(0)=\frac{1}{10},$$
$$P\{1<X<6\}=F(6)-F(1)-P\{X=6\}=1.$$

由此可以看出,上述这些事件的概率都可以由 $F(x)$ 算出来,因此 $F(x)$ 全面地描述了随机变量 X 的统计规律. 但是离散型随机变量的分布律已经可以很好地描述其统计规律性. 例如,例 2 中 $P\{2\leqslant X\leqslant 4\}$ 可以这么计算 $P\{2\leqslant X\leqslant 4\}=P\{X=2\}+P\{X=3\}=\frac{1}{4}$,可以看出计算更简便了. 事实上,$X$ 为连续型随机变量时能更好理解分布函数 $F(x)$. 连续型随机变量将是 2.4 节的内容.

例 4 设随机变量 X 的分布函数为 $F(x)=A+B\arctan x,-\infty<x<+\infty$,求

(1) 常数 A,B;
(2) $P\{0<X\leqslant 1\}$.

解 (1) 由分布函数的极限性知
$$\begin{cases}F(+\infty)=1,\\ F(-\infty)=0.\end{cases}$$

从而,

$$\begin{cases} A+B\cdot\dfrac{\pi}{2}=1, \\ A-B\cdot\dfrac{\pi}{2}=0. \end{cases}$$

于是解得

$$\begin{cases} A=\dfrac{1}{2}, \\ B=\dfrac{1}{\pi}. \end{cases}$$

故 $F(x)=\dfrac{1}{2}+\dfrac{1}{\pi}\arctan x, -\infty<x<+\infty.$

(2) $P\{0<X\leqslant 1\}=F(1)-F(0)=\dfrac{1}{2}+\dfrac{1}{\pi}\arctan 1-\dfrac{1}{2}-\dfrac{1}{\pi}\arctan 0=\dfrac{1}{4}.$

例5 设随机变量 X 的分布函数为

$$F(x)=\begin{cases} 0, & x<0, \\ Ax^2, & 0\leqslant x<1, \\ 1, & x\geqslant 1. \end{cases}$$

求：

(1) 常数 A；

(2) X 落在 $\left(-1,\dfrac{1}{2}\right]$ 上的概率.

解 (1) 因为 $F(x)$ 在 $x=1$ 处右连续，所以

$$F(1+0)=\lim_{x\to 1^+}F(x)=\lim_{x\to 1^+}1=F(1)=A,$$

从而，$A=1.$ 于是

$$F(x)=\begin{cases} 0, & x<0, \\ x^2, & 0\leqslant x<1, \\ 1, & x\geqslant 1. \end{cases}$$

(2) $P\left\{-1<X\leqslant\dfrac{1}{2}\right\}=F\left(\dfrac{1}{2}\right)-F(-1)=\dfrac{1}{4}.$

由例4，例5可知求分布函数中的待定常数，主要是利用分布函数的极限性及连续性. 另外，容易看到例5中的分布函数 $F(x)$，它的图形是一条连续曲线如图2.4所示. 对于任意的 x 可以写成

$$F(x)=\int_{-\infty}^{x}f(t)\mathrm{d}t,$$

其中

$$f(t)=\begin{cases} 2t, & 0\leqslant t<1, \\ 0, & \text{其他}. \end{cases}$$

这就是说，$F(x)$ 恰好是非负函数 $f(t)$ 在区间 $(-\infty,x]$ 上的积分，在这种情况下称 X 为连续型随机变量. 2.4节将给出连续型随机变量的一般定义.

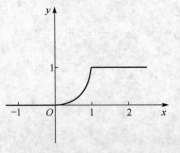

图2.4

2.4 连续型随机变量及其概率密度

对于非离散型随机变量 X,其中有一部分取值可能充满整个区间,甚至与整个实数轴.如 2.3 节中例 5. 对于这类随机变量,只有确知任意区间上的概率 $P\{a<X\leqslant b\}$(其中 a,b 为实数且 $a<b$)才能掌握它取值的概率分布规律.

下面引入连续型随机变量的概念.

2.4.1 连续型随机变量及其概率密度

定义 2.9 设 X 是随机变量,$F(x)$ 是它的分布函数,如果存在非负函数 $f(x)$,使得对任意的实数 x,有

$$F(x) = \int_{-\infty}^{x} f(t)\mathrm{d}t, \tag{2.4.1}$$

则称 X 为**连续型随机变量**,同时称函数 $f(x)$ 是 X 的**概率密度函数**,简称为**概率密度**.

由高等数学的知识知**连续型随机变量的分布函数是连续函数**. 这是因为连续型随机变量的分布函数是其概率密度函数变上限积分所定义的函数. 变上限积分所定义的函数一定可导,一元可导函数一定是连续函数.

定义 2.8 也给出了已知连续型随机变量 X 的概率密度函数 $f(x)$,如何求 X 的分布函数 $F(x)$ 这一重要方法,我们必须熟练掌握.

由分布函数的性质,可以验证任一连续型随机变量的概率密度 $f(x)$ 必具备下列性质:

(1) 非负性 $\forall x \in (-\infty, +\infty), f(x) \geqslant 0$.

(2) 规范性 $\int_{-\infty}^{+\infty} f(x)\mathrm{d}x = 1$.

反过来,定义在 $\mathbf{R}$ 上的函数 $f(x)$,如果具有上述两个性质,即可作为某个连续型随机变量的分布函数 $F(x)$.

由性质(2)知道介于曲线 $y=f(x)$ 与 Ox 轴之间的面积等于 1(图 2.5).

概率密度除了上述两条基本性质外,还有如下一些重要性质:

(3) 对于任意实数 $x_1, x_2(x_1 < x_2)$ 有

$$P\{x_1 < X \leqslant x_2\} = F(x_2) - F(x_1) = \int_{x_1}^{x_2} f(x)\mathrm{d}x. \tag{2.4.2}$$

由性质(3)知道 X 落在区间 $(x_1, x_2]$ 之间的概率 $P\{x_1 < X \leqslant x_2\}$ 等于区间 $(x_1, x_2]$ 上曲线 $y = f(x)$ 之下的曲边梯形的面积(图 2.6).

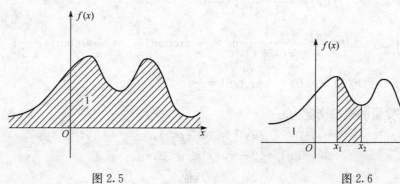

图 2.5　　　　　　　　图 2.6

(4) 若 $f(x)$ 在点 x 处连续,有 $F'(x)=f(x)$.

由性质(4)知在 $f(x)$ 连续点 x 处有

$$F'(x)=\lim_{\Delta x\to 0^+}\frac{F(x+\Delta x)-F(x)}{\Delta x}$$
$$=\lim_{\Delta x\to 0^+}\frac{P\{x<X\leqslant x+\Delta x\}}{\Delta x},$$

若不计高阶无穷小,则有 $P\{x<X\leqslant x+\Delta x\}\approx f(x)\Delta x$. 从而,$F'(x)=f(x)$.

从这里可以看到概率密度的定义与物理学中的线密度的定义相类似,这就是为什么称 $f(x)$ 为概率密度的缘故.

对连续型随机变量,分布函数和概率密度可以相互确定,因此概率密度也完全刻画了连续型随机变量的分布规律.

(5) 设 X 为连续型随机变量,则对任意实数 a,有 $P\{X=a\}=0$.

事实上,设 X 的分布函数为 $F(x)$,$\Delta x>0$,则由 $\{X=a\}\subset\{a-\Delta x<X\leqslant a\}$ 得

$$0\leqslant P\{X=a\}\leqslant P\{a-\Delta x<X\leqslant a\}=F(a)-F(a-\Delta x),$$

令 $\Delta x\to 0$,并注意到 X 的分布函数为 $F(x)$ 是连续的,即得 $P\{X=a\}=0$.

这个性质表明连续型随机变量取个别值的概率为 0,这与离散型随机变量有本质的区别,顺便指出 $P\{X=a\}=0$ 并不意味着 $\{X=a\}$ 是不可能事件.

据此,在计算连续型随机变量落在某一个区间的概率时,可以不必区分该区间是开区间或闭区间或半闭区间,从而对任意 $x_1<x_2$,有

$$P\{x_1\leqslant X<x_2\}=P\{x_1<X\leqslant x_2\}=P\{x_1\leqslant X\leqslant x_2\}=P\{x_1<X<x_2\}.$$

以后提到一个随机变量 X 的"概率分布"时,指的是它的分布函数;或者,当 X 是离散型随机变量,指的是它的分布律,X 是连续型随机变量,指的是它的概率密度函数.

例1 设随机变量 X 的概率密度为 $f(x)=\dfrac{C}{1+x^2},-\infty<x<+\infty$,试求:

(1) 常数 C;(2) X 的分布函数;(3) $P\{0\leqslant X\leqslant 1\}$.

解 (1) 由概率密度的性质可知 $C\geqslant 0$,$\int_{-\infty}^{+\infty}f(x)\mathrm{d}x=1$,即

$$\int_{-\infty}^{+\infty}\frac{C}{1+x^2}\mathrm{d}x=1,$$

从而 $C=\dfrac{1}{\pi}$. 于是概率密度为

$$f(x)=\frac{1}{\pi(1+x^2)},\quad -\infty<x<+\infty;$$

(2) $F(x)=\int_{-\infty}^{x}f(t)\mathrm{d}t=\int_{-\infty}^{x}\dfrac{1}{\pi(1+t^2)}\mathrm{d}t=\dfrac{1}{\pi}\arctan t\big|_{-\infty}^{x}=\dfrac{1}{\pi}\arctan x+\dfrac{1}{2}$;

(3) $P\{0\leqslant X\leqslant 1\}=F(1)-F(0)=\dfrac{1}{\pi}\arctan 1=\dfrac{1}{4}.$

例2 设随机变量的概率密度为

$$f(x)=\begin{cases}x, & 0\leqslant x<1,\\ 2-x, & 1\leqslant x<2,\\ 0, & 其他.\end{cases}$$

试求:X 的分布函数 $F(x)$.

解 当 $x \leqslant 0$,$F(x) = \int_{-\infty}^{x} f(t)dt = 0$;

当 $0 \leqslant x < 1$ 时,$F(x) = \int_{-\infty}^{x} f(t)dt = \int_{-\infty}^{0} 0dt + \int_{0}^{x} tdt = \dfrac{x^2}{2}$;

当 $1 \leqslant x < 2$ 时,$F(x) = \int_{-\infty}^{x} f(t)dt = \int_{-\infty}^{0} 0dt + \int_{0}^{1} tdt + \int_{1}^{x}(2-t)dt = -\dfrac{x^2}{2} + 2x - 1$;

当 $x \geqslant 2$ 时,$F(x) = \int_{-\infty}^{x} f(t)dt = \int_{-\infty}^{0} 0dt + \int_{0}^{1} tdt + \int_{1}^{2}(2-t)dt + \int_{2}^{x} 0dt = 1$,

故

$$F(x) = \begin{cases} 0, & x < 0, \\ \dfrac{x^2}{2}, & 0 \leqslant x < 1, \\ -\dfrac{x^2}{2} + 2x - 1, & 1 \leqslant x < 2, \\ 1, & x \geqslant 2. \end{cases}$$

例 3 设随机变量的概率密度为 $f(x) = \begin{cases} 0, & x \leqslant 0, \\ Ce^{-\lambda x}, & x > 0, \end{cases}$ 其中 $\lambda > 0$. 试求:

(1) 常数 C;(2) X 的分布函数 $F(x)$;(3) $P\{X \geqslant 1\}$.

解 (1) 由概率密度的性质知 $C \geqslant 0$,$\int_{-\infty}^{+\infty} f(x)dx = 1$,从而

$$\int_{0}^{+\infty} Ce^{-\lambda x}dx = 1,$$

$$C \dfrac{1}{-\lambda} e^{-\lambda x} \bigg|_{0}^{+\infty} = 1,$$

于是 $C = \lambda$. 故

$$f(x) = \begin{cases} 0, & x \leqslant 0, \\ \lambda e^{-\lambda x}, & x > 0. \end{cases}$$

(2) 当 $x \leqslant 0$,$F(x) = \int_{-\infty}^{x} f(t)dt = 0$.

当 $x > 0$ 时,$F(x) = \int_{-\infty}^{x} f(t)dt = \int_{-\infty}^{0} 0dt + \int_{0}^{x} \lambda e^{-\lambda t}dt = 1 - e^{-\lambda x}$,

故

$$F(x) = \begin{cases} 0, & x \leqslant 0, \\ 1 - e^{-\lambda x}, & x > 0. \end{cases}$$

(3) $P\{X \geqslant 1\} = 1 - P\{X < 1\} = 1 - F(1) = e^{-\lambda}$.

注意:求概率密度中的待定常数往往借助于概率密度的性质;由概率密度求分布函数需要对自变量的情形进行讨论,一般地,$f(x)$ 为分段函数时,$F(x)$ 也是分段函数,二者有相同的分段点.

例 4 设连续型随机变量的分布函数为

$$F(x) = \begin{cases} 0, & x < 0, \\ Ax^3, & 0 \leqslant x < 1, \\ 1, & x \geqslant 1. \end{cases}$$

求:(1) 常数 A;(2) X 的概率密度 $f(x)$;(3) $P\left\{-1\leqslant X<\dfrac{1}{2}\Big|X\geqslant\dfrac{1}{3}\right\}$.

解 (1)因为已知 $F(1)=1$,又 $F(1-0)=A$,$F(1+0)=1$,由于连续型随机变量 X 的分布函数 $F(x)$ 是连续函数,故得 $A=1$.

(2) 显然,
$$F'(x)=\begin{cases}0, & x<0,\\ 3x^2, & 0<x<1,\\ 0, & x>1.\end{cases}$$

另外,可求得 $F'(0)=0$, $F'(1-0)=\infty$, $F'(1+0)=0$, 从而
$$F'(x)=\begin{cases}0, & x\leqslant 0,\\ 3x^2, & 0<x<1,\\ 0, & x>1.\end{cases}$$

故 X 的概率密度函数
$$f(x)=\begin{cases}3x^2, & 0\leqslant x<1,\\ 0, & \text{其他}.\end{cases}$$

(3) $P\left\{-1\leqslant X<\dfrac{1}{2}\Big|X\geqslant\dfrac{1}{3}\right\}=\dfrac{P\left\{\dfrac{1}{3}\leqslant X<\dfrac{1}{2}\right\}}{P\left\{X\geqslant\dfrac{1}{3}\right\}}=\dfrac{\int_{\frac{1}{3}}^{\frac{1}{2}}3x^2\,\mathrm{d}x}{\int_{\frac{1}{3}}^{1}3x^2\,\mathrm{d}x}=\dfrac{19}{208}$.

由于
$$f_1(x)=\begin{cases}3x^2, & 0\leqslant x\leqslant 1,\\ 0, & \text{其他},\end{cases}$$
$$f_2(x)=\begin{cases}3x^2, & 0<x<1,\\ 0, & \text{其他}\end{cases}$$

都是非负可积函数,且 $\int_{-\infty}^{+\infty}f_1(x)\mathrm{d}x=1$, $\int_{-\infty}^{+\infty}f_2(x)\mathrm{d}x=1$, 且对一切的 $x\in\mathbf{R}$ 也有

$$F(x)=\int_{-\infty}^{x}f_1(t)\mathrm{d}t=\int_{-\infty}^{x}f_2(t)\mathrm{d}t==\begin{cases}0, & x<0,\\ x^3, & 0\leqslant x<1,\\ 1, & x>1.\end{cases}$$

故 X 的概率密度函数也可取为 $f_1(x)$ 或 $f_2(x)$, 而 $f_1(x)$ 或 $f_2(x)$ 仅在 $x=0$ 和 $x=1$ 处不同.

一般地,同一个随机变量 X 的概率密度函数可以有许多,但它们除了在有限多个点,最多可列无穷个点不相等外,其他点都相等,即所谓连续型随机变量 X 的概率密度函数是"几乎处处唯一"的. 所以,**若连续型随机变量 X 的概率密度是分段函数,分段点如何表示我们不需要太计较.**

2.4.2 常见连续型随机变量

1. 均匀分布

定义 2.10 设随机变量 X 的概率密度为

$$f(x)=\begin{cases}\dfrac{1}{b-a}, & x\in[a,b],\\ 0, & \text{其他},\end{cases} \quad (2.4.3)$$

则称 X 服从区间 $[a,b]$ 上的**均匀分布**,记作 $X\sim U[a,b]$.

易知,$f(x)\geqslant 0$,$\int_{-\infty}^{+\infty}f(x)\mathrm{d}x=1$. 同时容易得到随机变量 X 的分布函数为

$$F(x)=\begin{cases}0, & x<a,\\ \dfrac{x-a}{b-a}, & a\leqslant x<b,\\ 1, & x\geqslant b.\end{cases}$$

均匀分布的概率密度 $f(x)$ 和分布函数 $F(x)$ 的图形分别如图 2.7 和图 2.8 所示.

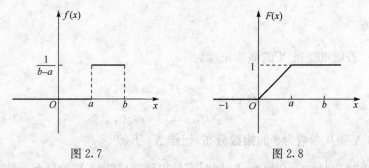

图 2.7　　　　　　　　图 2.8

在实际问题中,有很多均匀分布的例子. 例如,向区间 $[a,b]$ 上均匀投掷随机点,则随机点的坐标 X 服从 $[a,b]$ 上的均匀分布. 又如,乘客在公共汽车站的候车时间,近似计算中的舍入误差等.

在区间 $[a,b]$ 上服从均匀分布的随机变量 X 具有下述意义上的等可能性.

设随机变量 $X\sim U[a,b]$,则对任意满足 $[c,d]\subseteq[a,b]$,则有

$$P\{c\leqslant X\leqslant d\}=\int_c^d\dfrac{1}{b-a}\mathrm{d}x=\dfrac{d-c}{b-a},$$

这表明,X 落在 $[a,b]$ 内任一小区间 $[c,d]$ 上取值的概率与该小区间的长度成正比,而与小区间 $[c,d]$ 在 $[a,b]$ 上的位置无关,这就是均匀分布的概率意义.

例 5　若随机变量 X 在 $[1,6]$ 上服从均匀分布,问方程 $x^2+Xx+1=0$ 有实根的概率有多大?

解　因为 X 在 $[1,6]$ 上服从均匀分布,所以 X 的概率密度为

$$f(x)=\begin{cases}\dfrac{1}{5}, & x\in[1,6],\\ 0, & \text{其他}.\end{cases}$$

又方程 $x^2+Xx+1=0$ 有实根的条件是 $\Delta=X^2-4\geqslant 0$,即

$$X^2\geqslant 4 \text{ 或 } |X|\geqslant 2,$$

从而方程有实根可表示为事件 $\{|X|\geqslant 2\}$,故

$$P\{|X|\geqslant 2\}=P\{(X\leqslant -2)\cup(X\geqslant 2)\}=\int_2^6\dfrac{1}{5}\mathrm{d}x=\dfrac{4}{5}.$$

例 6　若随机变量 X 在区间 $[2,5]$ 上服从均匀分布,现对 X 其进行 3 次独立观测,求至少有两次观测值大于 3 的概率.

解 因为 X 在 $[2,5]$ 上服从均匀分布,所以 X 的概率密度为

$$f(x)=\begin{cases}\dfrac{1}{3}, & 2\leqslant x\leqslant 5,\\ 0, & \text{其他}.\end{cases}$$

从而,$P\{X>3\}=\dfrac{5-3}{5-2}=\dfrac{2}{3}$.

以 Y 表示 3 次独立观测中观测值大于 3 的次数,则 $Y\sim b\left(3,\dfrac{2}{3}\right)$. 于是

$$P\{Y\geqslant 2\}=P\{Y=2\}+P\{Y=3\}$$
$$=C_3^2\left(\dfrac{2}{3}\right)^2\left(1-\dfrac{2}{3}\right)+C_3^3\left(\dfrac{2}{3}\right)^3\left(1-\dfrac{2}{3}\right)^0=\dfrac{20}{27}.$$

2. 指数分布

定义 2.11 若随机变量 X 的概率密度为

$$f(x)=\begin{cases}\dfrac{1}{\theta}\mathrm{e}^{-\frac{1}{\theta}x}, & x>0,\\ 0, & x\leqslant 0,\end{cases} \tag{2.4.4}$$

其中 $\theta>0$,则称 X 服从参数为 θ 的**指数分布**,记作 $X\sim E(\theta)$.

易知,$f(x)\geqslant 0,\int_{-\infty}^{+\infty}f(x)\mathrm{d}x=1$. 同时容易得到随机变量 X 的分布函数为

$$F(x)=\begin{cases}1-\mathrm{e}^{-\frac{1}{\theta}x}, & x>0,\\ 0, & x\leqslant 0.\end{cases}$$

指数分布的概率密度 $f(x)$ 和分布函数 $F(x)$ 的图形分别如图 2.9 和图 2.10 所示.

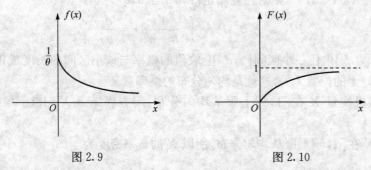

图 2.9　　　　图 2.10

指数分布是一种应用广泛的连续型分布,它常被用来描述各种"寿命"的分布,如无线电元件的寿命、动物的寿命、电话问题中的通话时间,顾客在某一服务系统接受服务的时间等都可以认为服从指数分布,因而指数分布有着广泛应用.

例 7 假定打一次电话所用的时间 X(单位:分)服从参数 $\theta=10$ 的指数分布,试求在排队打电话的人中,后一个人等待前一个人的时间(1)超过 10 分钟;(2)10 分钟到 20 分钟之间的概率.

解 由题设知 $X\sim E(10)$,故所求概率为

(1) $P\{X>10\}=\int_{10}^{+\infty}\dfrac{1}{10}\mathrm{e}^{-\frac{x}{10}}\mathrm{d}x=\mathrm{e}^{-1}\approx 0.368$;

(2) $P\{10 \leqslant X \leqslant 20\} = \int_{10}^{20} \frac{1}{10} e^{-\frac{1}{10}x} dx = e^{-1} - e^{-2} \approx 0.233.$

例 8 设 X 服从参数为 θ 的指数分布,证明对于任意的 $s,t>0$,有
$$P\{X>s+t \mid X>s\} = P\{X>t\}. \tag{2.4.5}$$
此性质称为指数分布的无记忆性.

证 对于任意的 $s,t>0$,有
$$P\{X>s+t \mid X>s\} = \frac{P\{X>s+t, X>s\}}{P\{X>s\}}$$
$$= \frac{P\{X>s+t\}}{P\{X>s\}} = \frac{1-F(s+t)}{1-F(s)}$$
$$= \frac{e^{-\frac{1}{\theta}(s+t)}}{e^{-\frac{1}{\theta}s}} = e^{-\frac{1}{\theta}t}$$
$$= P\{X>t\}.$$

若 X 表示某一元件的寿命,则 $P\{X>s+t \mid X>s\} = P\{X>t\}$ 表明:已知元件已使用了 s 小时,它总共能使用至少 $s+t$ 小时的条件概率与从开始时算起至少能使用 t 小时的概率相等.这就是说,元件对它已经使用过 s 小时没有记忆.具有这一性质是指数分布具有广泛应用的重要原因.

3. 正态分布

定义 2.12 若随机变量 X 的概率密度函数为
$$f(x) = \frac{1}{\sqrt{2\pi}\sigma} e^{-\frac{(x-\mu)^2}{2\sigma^2}}, \quad -\infty < x < +\infty, \tag{2.4.6}$$
其中 $\mu,\sigma(\sigma>0)$ 为常数,则称 X 服从参数为 μ,σ^2 的**正态分布**或**高斯**(Gauss)**分布**,记作 $X \sim N(\mu,\sigma^2)$.

易知,$f(x) \geqslant 0$,下面来证明 $\int_{-\infty}^{+\infty} f(x) dx = 1$.

记 $I = \int_{-\infty}^{+\infty} e^{-\frac{x^2}{2}} dx$,则有 $I^2 = \int_{-\infty}^{+\infty} \int_{-\infty}^{+\infty} e^{-\frac{x^2+y^2}{2}} dx dy$,利用极坐标将它化成累次积分,得到
$$I^2 = \int_0^{2\pi} \int_0^{+\infty} re^{-\frac{r^2}{2}} dr d\theta = 2\pi,$$
而 $I>0$,故有 $I = \sqrt{2\pi}$,即
$$I = \int_{-\infty}^{+\infty} e^{-\frac{x^2}{2}} dx = \sqrt{2\pi},$$
令 $\frac{x-\mu}{\sigma} = t$,则
$$\int_{-\infty}^{+\infty} f(x) dx = \int_{-\infty}^{+\infty} \frac{1}{\sqrt{2\pi}\sigma} e^{-\frac{(x-\mu)^2}{2\sigma^2}} dx = \frac{1}{\sqrt{2\pi}} \int_{-\infty}^{+\infty} e^{-\frac{t^2}{2}} dt = 1.$$

参数为 μ,σ^2 的意义将在第 4 章中说明.习惯上,称服从正态分布的随机变量为正态随机变量,又称正态分布的概率密度曲线为正态分布曲线.显然,$f(x)$ 密度曲线呈倒钟形,如图 2.11 所示,它具有以下性质.

(1) 曲线关于直线 $x=\mu$ 对称,这表明对于任何 $h>0$,有
$$P\{\mu-h<X\leqslant\mu\} = P\{\mu<X\leqslant\mu+h\}.$$

(2) 当 $x=\mu$ 时,取到最大值
$$f(\mu)=\frac{1}{\sqrt{2\pi}\sigma}.$$

x 离 μ 越远,$f(x)$ 的值越小. 这表明对于同样长度的区间,当区间离 μ 越远,X 落在这个区间上的概率越小.

(3) 在 $x=\mu\pm\sigma$ 处曲线有拐点,曲线以 Ox 轴为渐近线.

(4) 如果固定 σ,改变 μ 的值,则图形沿 Ox 轴左右平移,$f(x)$ 的形状不变(图 2.11),也就是说正态密度曲线的位置由参数 μ 所确定. 因此,称 μ 为位置参数.

如果固定 μ,改变 σ 的值,如果 σ 越小,则曲线变得越高越尖;反之,则越扁越平(图 2.12). 也就是说正态密度曲线的形状由参数 σ 所确定. 因此,称 σ 为形状参数.

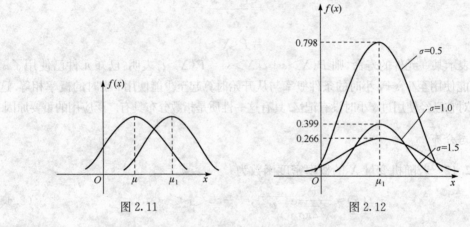

图 2.11　　　　　图 2.12

设 $X\sim N(\mu,\sigma^2)$,则 X 的分布函数(图 2.13)为
$$F(x)=\int_{-\infty}^{x}\frac{1}{\sqrt{2\pi}\sigma}e^{-\frac{(t-\mu)^2}{2\sigma^2}}dt,$$

特别地,当 $\mu=0,\sigma=1$ 时,正态分布 $N(0,1)$ 称为标准正态分布,为区别起见,标准正态分布的概率密度和分布函数分别记为 $\varphi(x),\Phi(x)$,即
$$\varphi(x)=\frac{1}{\sqrt{2\pi}}e^{-\frac{x^2}{2}}, \tag{2.4.7}$$
$$\Phi(x)=\int_{-\infty}^{x}\frac{1}{\sqrt{2\pi}}e^{-\frac{t^2}{2}}dt. \tag{2.4.8}$$

$\varphi(x)$ 的图形如图 2.14 所示.

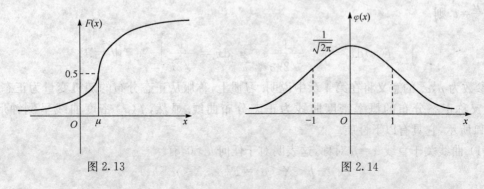

图 2.13　　　　　图 2.14

由分布函数的性质有，$\Phi(+\infty)=1, \Phi(-\infty)=0$.

同时还可以推出 $\Phi(-x)=1-\Phi(x)$.

事实上，令 $u=-t$，则 $\mathrm{d}u=-\mathrm{d}t$，从而

$$\Phi(-x)=\int_{\infty}^{-x}\frac{1}{\sqrt{2\pi}}\mathrm{e}^{-\frac{t^2}{2}}\mathrm{d}t=\int_{x}^{+\infty}\frac{1}{\sqrt{2\pi}}\mathrm{e}^{-\frac{u^2}{2}}\mathrm{d}u$$

$$=\int_{-\infty}^{+\infty}\frac{1}{\sqrt{2\pi}}\mathrm{e}^{-\frac{u^2}{2}}\mathrm{d}u-\int_{-\infty}^{x}\frac{1}{\sqrt{2\pi}}\mathrm{e}^{-\frac{u^2}{2}}\mathrm{d}u$$

$$=1-\Phi(x).$$

显然，$\Phi(0)=\dfrac{1}{2}$.

对于 $\Phi(x)$ 这个积分不能用初等函数表示，人们已经编制了 $\Phi(x)$ 的函数表可供查阅（附表2）.

由分布函数的性质有，若 $X\sim N(0,1)$，则 $P\{x_1<X\leqslant x_2\}=\Phi(x_2)-\Phi(x_1)$.

对一般正态分布都可以通过一个线性变换（标准化）化为标准正态分布，因此与正态分布有关的事件的概率的计算都可以通过查标准正态分布分布表获得.

定理 2.2 设 $X\sim N(\mu,\sigma^2)$，则 $Z=\dfrac{X-\mu}{\sigma}\sim N(0,1)$.

证 $Z=\dfrac{X-\mu}{\sigma}$ 的分布函数为

$$P\{Z\leqslant x\}=P\left\{\frac{X-\mu}{\sigma}\leqslant x\right\}=P\{X\leqslant \sigma x+\mu\}$$

$$=\frac{1}{\sqrt{2\pi}\sigma}\int_{-\infty}^{\sigma x+\mu}\mathrm{e}^{-\frac{(t-\mu)^2}{2\sigma^2}}\mathrm{d}t,$$

令 $\dfrac{t-\mu}{\sigma}=u$，则

$$P\{Z\leqslant x\}=\frac{1}{\sqrt{2\pi}}\int_{-\infty}^{x}\mathrm{e}^{-\frac{u^2}{2}}\mathrm{d}u=\Phi(x),$$

由此知，$Z=\dfrac{X-\mu}{\sigma}\sim N(0,1)$.

若 $X\sim N(\mu,\sigma^2)$，则 $P\{a<X<b\}=\Phi\left(\dfrac{b-\mu}{\sigma}\right)-\Phi\left(\dfrac{a-\mu}{\sigma}\right)$.

例9 设 $X\sim N(0,1)$，求 (1) $P\{1.25\leqslant X\leqslant 2\}$；(2) $P\{|X|\leqslant 2\}$；(3) $P\{|X|>1\}$.

解 $P\{1.25\leqslant X\leqslant 2\}=\Phi(2)-\Phi(1.25)=0.9772-0.8944=0.0828$；

$P\{|X|\leqslant 2\}=P\{-2\leqslant X\leqslant 2\}=\Phi(2)-\Phi(-2)=2\Phi(2)-1=0.9544$；

$P\{|X|>1\}=1-P\{|X|\leqslant 1\}=1-P\{-1\leqslant X\leqslant 1\}=2[1-\Phi(1)]=0.3174$.

例10 设 $X\sim N(\mu,\sigma^2)$，求 $P\{|X-\mu|<\sigma\}, P\{|X-\mu|<2\sigma\}, P\{|X-\mu|<3\sigma\}$.

解 $P\{|X-\mu|<\sigma\}=P\left\{-1<\dfrac{X-\mu}{\sigma}<1\right\}=2\Phi(1)-1=0.6826$，

$P\{|X-\mu|<2\sigma\}=P\left\{-2<\dfrac{X-\mu}{\sigma}<2\right\}=2\Phi(2)-1=0.9544$，

$$P\{|X-\mu|<3\sigma\}=P\left\{-3<\frac{X-\mu}{\sigma}<3\right\}=2\Phi(3)-1=0.9974.$$

从例 11 可以看到,尽管正态变量的取值范围是 $(-\infty,+\infty)$,但它的值落在 $(\mu-3\sigma,\mu+3\sigma)$ 内几乎是肯定的事. 这就是人们所说的"3σ"法则,常用于工程技术中.

例 11 设某商店出售的白糖每包的标准重量 500g,设每包质量 X(单位:g)是随机变量,$X\sim N(500,25)$,求:

(1) 随机抽查一包,其质量大于 510g 的概率;

(2) 随机抽查一包,其质量与标准质量之差的绝对值在 8g 之内的概率;

(3) 求常数 c,使每包的质量小于 c 的概率为 0.05.

解 (1) 由题意,知

$$\begin{aligned}P\{X>510\}&=1-P\{X\leqslant 510\}\\&=1-P\left\{\frac{X-500}{5}\leqslant\frac{510-500}{5}\right\}\\&=1-\Phi(2)=0.0228;\end{aligned}$$

(2) $\begin{aligned}P\{|X-500|<8\}&=P\{-8<X-500<8\}\\&=1-P\left\{-\frac{8}{5}<\frac{X-500}{5}<\frac{8}{5}\right\}\\&=2\Phi(1.6)-1=0.8904;\end{aligned}$

(3) 由题意,知,$P\{X<c\}=0.05$,即

$$\Phi\left(\frac{c-500}{5}\right)=0.05,$$

由于 $\Phi(-1.645)=0.05$,因此 $\frac{c-500}{5}=-1.645$,故

$$c=491.775.$$

为了便于今后的应用,对于标准正态分布,我们介绍在数理统计中常要用到的分位点的概念.

设 $X\sim N(0,1)$,利用标准正态分布表,对于给定的 $\alpha(0<\alpha<1)$ 可以找出满足

$$P\{X>z_\alpha\}=\alpha \tag{2.4.9}$$

的 z_α 值,并称 z_α 为 X(关于 α)的上 α 分位点(图 2.15).

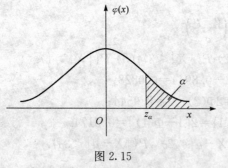

图 2.15

例如,当给定 $\alpha=0.05$ 时,有

$$P\{X>z_{0.05}\}=0.05,$$

即

$$P\{X\leqslant z_{0.05}\}=1-P\{X>z_{0.05}\}=0.95,$$

查标准正态分布表得 X 的上 α 分位点为

$$z_{0.05}=1.645.$$

下面给出几个常用的上 α 分位点的值:$z_{0.001}=3.090, z_{0.005}=2.576, z_{0.01}=2.326, z_{0.025}=1.96, z_{0.10}=1.282.$

另外,由图形的对称性知道 $z_{1-\alpha}=-z_\alpha$.

正态分布是最常见的一种分布. 在实际问题中,大部分随机变量都服从或近似服从正态分

布,如人的身高、体重、测量所产生的随机误差、学生的考试成绩、线路中的热噪声电压、某地区的年降水量等,它们都服从正态分布. 在概率论与数理统计的理论研究和实际应用中正态随机变量起着特别重要的作用. 第 5 章将进一步说明正态随机变量的重要性.

2.5 随机变量的函数的分布

在实际问题中,我们不仅要研究随机变量,而且对某些随机变量的函数更感兴趣. 例如,在分子物理学中已知分子的速度 v 是一个随机变量,这时分子的动能 $W=\frac{1}{2}mv^2$ 就是一个随机变量函数. 本节将讨论如何由已知的随机变量 X 的概率分布去求得它的函数 $Y=g(X)$($Y=g(\cdot)$ 是已知的连续函数)的概率分布.

2.5.1 离散型随机变量的函数的分布

设 $g(x)$ 是定义在随机变量 X 的一切可能值 x 的集合上的函数. 随机变量 X 的函数 $Y=g(X)$,当随机变量 X 取值 x 时,Y 对应的取值为 $y=g(x)$.

例 1 设 X 的分布律为

Y	−1	0	1	2
p	0.2	0.1	0.3	0.4

求:(1) $Y=X^3$ 的分布律. (2) $Z=X^2$ 的分布律.

解 (1) Y 的可能取值为 $-1,0,1,8$.
由于
$$P\{Y=-1\}=P\{X^3=-1\}=P\{X=-1\}=0.2,$$
$$P\{Y=0\}=P\{X^3=0\}=P\{X=0\}=0.1,$$
$$P\{Y=1\}=P\{X^3=1\}=P\{X=1\}=0.3,$$
$$P\{Y=8\}=P\{X^3=8\}=P\{X=2\}=0.4.$$

从而 Y 的分布律为

Y	−1	0	1	8
p	0.2	0.1	0.3	0.4

(2) Z 的可能取值为 $0,1,4$.
$$P\{Z=0\}=P\{X^2=0\}=P\{X=0\}=0.1,$$
$$P\{Z=1\}=P\{X^2=1\}=P\{X=-1\}+P\{X=1\}=0.2+0.3=0.5,$$
$$P\{Z=4\}=P\{X^2=4\}=P\{X=-2\}+P\{X=2\}=0+0.4=0.4.$$

从而 Z 的分布律为

Y	0	1	4
p	0.1	0.5	0.4

事实上,若随机变量 X 的分布律为 $P\{X=x_i\}=p_i$,现求 $Y=g(X)$ 的分布.
(1) 若离散型随机变量 X 取不同的值 x_i 时,随机变量函数 $Y=g(X)$ 也取不同的值 $y_i=$

$g(x_i), i=1,2,3,\cdots$,则 Y 的分布律为 $P\{Y=y_i\}=p_i$.

例 2 设 X 的分布律为

X	0	1	2	3	4	5
p	$\frac{1}{12}$	$\frac{1}{6}$	$\frac{1}{3}$	$\frac{1}{12}$	$\frac{2}{9}$	$\frac{1}{9}$

求 $Y=2X+1$ 的分布律.

解 因为 Y 的可能取值为 $1,3,5,7,9,11$,它们互不相同,则 Y 的分布律为

Y	1	3	5	7	9	11
p	$\frac{1}{12}$	$\frac{1}{6}$	$\frac{1}{3}$	$\frac{1}{12}$	$\frac{2}{9}$	$\frac{1}{9}$

(2) 若离散型随机变量 X 取不同的值 x_i 时,随机变量函数 $Y=g(X)$ 取值 $y_i=g(x_i)$ $(i=1,2,3,\cdots)$ 有相等的,则应把那些相等的值分别合并,并根据概率的可加性把对应的概率相加,就得到 Y 的分布律.

例 3 设 X 的分布列为

X	-2	-1	0	1	2
p	$\frac{1}{4}$	$\frac{1}{8}$	$\frac{1}{8}$	$\frac{1}{4}$	$\frac{1}{4}$

求 $Y=X^2$ 的分布列.

解 因为 Y 的可能取值为 $0,1,2$,它们中有相同的,则 Y 的分布列为

Y	0	1	4
p	$\frac{1}{8}$	$\frac{3}{8}$	$\frac{1}{2}$

2.5.2 连续型随机变量的函数的分布

定理 2.3 设 X 为连续型随机变量,其概率密度为 $f_X(x)$. 又设 $y=g(x)$ 函数处处可导且恒有 $g'(x)>0$(或恒有 $g'(x)<0$),记 $x=h(y)$ 为 $y=g(x)$ 的反函数,则 $Y=g(X)$ 也是一个连续型随机变量,且其概率密度为

$$f_Y(x)=\begin{cases}f_X[h(y)]|h'(y)|, & \alpha<y<\beta,\\ 0, & \text{其他},\end{cases} \tag{2.5.1}$$

其中 $\alpha=\min\{f(-\infty),f(+\infty)\}, \beta=\max\{f(-\infty),f(+\infty)\}$.

证 先证 $g'(x)>0$ 的情况. 此时 $y=g(x)$ 在 $(-\infty,+\infty)$ 上严格单调递增,它的反函数 $x=h(y)$ 存在,且在 (α,β) 上严格单调递增且可导.

分别记 X,Y 的分布函数为 $F_X(x), F_Y(y)$. 现在先来求 Y 的分布函数为 $F_Y(y)$.

因为 $Y=g(X)$ 在 (α,β) 上取值,故当 $y\leqslant\alpha$ 时,$F_Y(y)=P\{Y\leqslant y\}=0$;当 $y\geqslant\beta$ 时,$F_Y(y)=P\{Y\leqslant y\}=1$.

当 $\alpha<y<\beta$ 时,

$$F_Y(y)=P\{Y\leq y\}=P\{g(X)\leq y\}$$
$$=P\{X\leq h(y)\}=F_X(h(y)).$$

将 $F_Y(y)$ 关于 y 求导数，即得 Y 的概率密度为

$$f_Y(x)=\begin{cases}f_X[h(y)]h'(y), & \alpha<y<\beta,\\ 0, & \text{其他}.\end{cases}$$

对于 $g'(x)<0$ 的情况，同样有当 $y\leq\alpha$ 时，$F_Y(y)=P\{Y\leq y\}=0$；当 $y\geq\beta$ 时，$F_Y(y)=P\{Y\leq y\}=1$.

当 $\alpha<y<\beta$ 时，
$$F_Y(y)=P\{Y\leq y\}=P\{g(X)\leq y\}$$
$$=P\{X\geq h(y)\}=1-F_X(h(y)).$$

将 $F_Y(y)$ 关于 y 求导数，即得 Y 的概率密度为

$$f_Y(x)=\begin{cases}f_X[h(y)][-h'(y)], & \alpha<y<\beta,\\ 0, & \text{其他}.\end{cases}$$

综上，$Y=g(X)$ 的概率密度为

$$f_Y(x)=\begin{cases}f_X[h(y)]|h'(y)|, & \alpha<y<\beta,\\ 0, & \text{其他},\end{cases}$$

其中 $\alpha=\min\{f(-\infty),f(+\infty)\}$，$\beta=\max\{f(-\infty),f(+\infty)\}$.

例 4 设随机变量 X 的概率密度为 $f_X(x)$，求线性函数 $Y=aX+b$，其中 a,b 为常数，$a\neq 0$，求 Y 的概率密度.

解 因为 $y=g(x)=ax+b, x=h(y)=\dfrac{y-b}{a}, h'(y)=\dfrac{1}{a}$，由定理得 Y 概率密度为

$$f_Y(x)=f_X[h(y)]|h'(y)|=f_X\left(\frac{y-b}{a}\right)\frac{1}{|a|}.$$

例 5 设 $X\sim N(\mu,\sigma^2)$，求 $Y=aX+b$（其中 a,b 为常数，$a\neq 0$）的概率密度.

解 利用上例的结果

$$f_Y(x)=\frac{1}{|a|}f_X\left(\frac{y-b}{a}\right)=\frac{1}{|a|}\cdot\frac{1}{\sqrt{2\pi}\sigma}e^{-\frac{(\frac{y-b}{a}-\mu)^2}{2\sigma^2}}=\frac{1}{\sqrt{2\pi}\sigma|a|}e^{-\frac{(y-(a\mu+b))^2}{2(|a|\sigma)^2}},$$

即 $Y\sim N(a\mu+b,a^2\sigma^2)$.

例 5 说明正态随机变量的线性变换仍是正态随机变量，这个结论十分有用，必须记住. 定理 2.2 在使用时的确很方便，但它要求的条件"函数 $y=g(x)$ 严格单调且为可导函数"很强，在很多场合下往往不能满足. 对于不能满足定理条件的情况，一般地，都是先求其分布函数，然后再求其概率密度函数.

例 6 设随机变量 X 的概率密度为

$$f(x)=\begin{cases}\dfrac{x}{8}, & 0<x<4,\\ 0, & \text{其他}.\end{cases}$$

求 (1) $Y=2X+8$ 的概率函数；(2) $Y=|X|$ 的密度函数.

解 (1) 解法一（利用定理结论计算） 因为 $y=2x+8, x=h(y)=\dfrac{y-8}{2}, h'(y)=\dfrac{1}{2}$，由定理 2.2 得 Y 概率密度为

$$f_Y(y) = \begin{cases} \dfrac{1}{8} \cdot \left(\dfrac{y-8}{2}\right) \cdot \left|\dfrac{1}{2}\right|, & 0 < \dfrac{y-8}{2} < 4, \\ 0, & \text{其他}, \end{cases}$$

即

$$f_Y(y) = \begin{cases} \dfrac{y-8}{32}, & 8 < y < 16, \\ 0, & \text{其他}. \end{cases}$$

解法二（直接变换） 记 $F_X(x), F_Y(y)$ 分别为 X, Y 的分布函数，则

$$F_Y(y) = P\{Y \leqslant y\} = P\{2X+8 \leqslant y\} = P\left\{X \leqslant \dfrac{y-8}{2}\right\} = F_X\left(\dfrac{y-8}{2}\right),$$

从而

$$f_Y(y) = F'_Y(y) = F'_X\left(\dfrac{y-8}{2}\right) = f_X\left(\dfrac{y-8}{2}\right) \cdot \dfrac{1}{2},$$

$$f_Y(y) = \begin{cases} \dfrac{1}{8} \cdot \left(\dfrac{y-8}{2}\right) \cdot \left|\dfrac{1}{2}\right|, & 0 < \dfrac{y-8}{2} < 4, \\ 0, & \text{其他}, \end{cases}$$

即

$$f_Y(y) = \begin{cases} \dfrac{y-8}{32}, & 8 < y < 16, \\ 0, & \text{其他}. \end{cases}$$

(2) 当 $y \leqslant 0$ 时，$Y = |X|$ 的分布函数为 $F_Y(y) = P\{Y \leqslant y\} = 0$.

当 $y > 0$ 时，有

$$\begin{aligned} F_Y(y) &= P\{Y \leqslant y\} = P\{|X| \leqslant y\} \\ &= P\{-y \leqslant X \leqslant y\} \\ &= F_X(y) - F_X(-y), \end{aligned}$$

其中 $F_X(x)$ 为 X 的分布函数，则

$$f_Y(y) = F'_Y(y) = [f_X(\sqrt{y}) + f_X(-\sqrt{y})].$$

从而，

$$f_Y(y) = \begin{cases} \dfrac{\sqrt{y}}{8}, & 0 < \sqrt{y} < 4, \\ 0, & \text{其他}. \end{cases}$$

故

$$f_Y(y) = \begin{cases} \dfrac{\sqrt{y}}{8}, & 0 < y < 16, \\ 0, & \text{其他}. \end{cases}$$

例 7 设 $X \sim N(0,1)$，试求 $Y = X^2$ 的概率密度.

解 当 $y \leqslant 0$ 时，$Y = X^2$ 的分布函数为 $F_Y(y) = P\{Y \leqslant y\} = 0$.

当 $y > 0$ 时，有

$$F_Y(y) = P\{Y \leqslant y\} = P\{X^2 \leqslant y\} = P\{-\sqrt{y} \leqslant X \leqslant \sqrt{y}\} = F_X(\sqrt{y}) - F_X(-\sqrt{y}),$$

其中 $F_X(x)$ 为 X 的分布函数，则

$$f_Y(y)=F'_Y(y)=\frac{1}{2\sqrt{y}}[f_X(\sqrt{y})+f_X(-\sqrt{y})].$$

因为 $X\sim N(0,1)$,所以

$$f_Y(y)=\frac{1}{2\sqrt{y}}\left[\frac{1}{\sqrt{2\pi}}e^{-\frac{y}{2}}+\frac{1}{\sqrt{2\pi}}e^{-\frac{y}{2}}\right]=\frac{1}{\sqrt{2\pi y}}e^{-\frac{y}{2}}.$$

故

$$f_Y(y)=\begin{cases}\dfrac{1}{\sqrt{2\pi y}}e^{-\frac{y}{2}}, & y>0,\\ 0, & y\leqslant 0.\end{cases}$$

习 题

1. 设随机变量 X 的分布列为 $P\{X=i\}=C\left(\dfrac{2}{3}\right)^i, i=1,2,3$,求常数 C 的值.

2. 设随机变量 X 只可能取 $-1,0,1,2$ 这 4 个值,且取这 4 个值相应的概率依次为 $\dfrac{1}{2a},\dfrac{3}{4a},\dfrac{5}{8a},\dfrac{7}{16a}$,求常数 a 的值.

3. 一汽车沿一街道行驶,需要通过三个设有红绿信号灯的路口,每个信号灯为红或绿与其他信号灯为红或绿相互独立,且红绿两种信号显示的时间相等. 以 X 表示该汽车首次遇到红灯前通过的路口个数,求 X 的分布律.

4. 将一枚骰子连掷两次,以 X 表示两次所得的点数之和,以 Y 表示两次出现的最小点数,分别求 X 和 Y 的分布律.

5. 设在 15 个同类型的零件中,有 2 个是次品,从中任取 3 个,每次取 1 个,取后不放回. 以 X 表示取出的次品的个数,求 X 的分布律.

6. 对某一目标连续进行射击,直到击中目标为止. 如果每次射击的命中率为 p,求射击次数 X 的分布律.

7. 设离散型随机变量 X 的分布律为

X	-1	2	3
p	$\dfrac{1}{4}$	$\dfrac{1}{2}$	$\dfrac{1}{4}$

求 $P\left\{X\leqslant\dfrac{1}{2}\right\}, P\left\{\dfrac{2}{3}<X\leqslant\dfrac{5}{2}\right\}, P\{2\leqslant X\leqslant 3\}, P\{2\leqslant X<3\}$.

8. 一大楼装有 5 台同类型的供水设备. 设各台设备是否被使用是相互独立的. 调查表明在任一时刻,每台设备被使用的概率为 0.1,问在同一时刻,

(1) 恰有 2 台设备被使用的概率是多少?

(2) 至少有 3 台设备被使用的概率是多少?

(3) 至多有 3 台设备被使用的概率是多少?

(4) 至少有 1 台设备被使用的概率是多少?

9. 设事件 A 在每一次试验中发生的概率为 0.3,当 A 发生不少于 3 次时,指示灯发出信

号,求:

(1) 进行 5 次重复独立试验,求指示灯发出信号的概率;

(2) 进行 7 次重复独立试验,求指示灯发出信号的概率;

10. 甲乙两人投篮,投中的概率分别为 0.6, 0.7. 现各投 3 次,求:

(1) 两人投中次数相等的概率;

(2) 甲比乙投中次数多的概率.

11. 分析病史资料表明,因患感冒而最终导致死亡的患者(相互独立)比例占 0.2%. 试求,目前正在患感冒的 1000 个患者中,

(1) 最终恰有 4 个人死亡的概率;

(2) 最终死亡人数不超过 2 个人的概率.

12. 一电话交换台每分钟收到的呼唤次数服从参数为 4 的泊松分布,求

(1) 每分钟恰有 8 次呼唤的概率;

(2) 每分钟的呼唤次数大于 10 的概率.

13. 有一繁忙的汽车站,每天有大量的汽车通过. 设每辆汽车在一天的某段时间内出事故的概率为 0.0001. 在某天的该段时间内有 1000 辆汽车经过,问出事故的次数不小于 2 的概率是多少?

14. 设离散型随机变量 X 的分布律为

X	-1	2	3
p	0.25	0.5	0.25

求 X 的分布函数,以及概率 $P\{1.5 < X \leq 2.5\}, P\{X > 0.5\}$.

15. 设随机变量 X 的分布函数为

$$F(x) = \begin{cases} a + be^{-x}, & x > 0, \\ 0, & x \leq 0. \end{cases}$$

求常数 a 与 b 的值,以及概率 $P\{1 < X \leq 2\}$.

16. 设 $F_1(x), F_2(x)$ 分别为随机变量 X_1, X_2 的分布函数,且 $F(x) = aF_1(x) - bF_2(x)$ 也是某一随机变量的分布函数,证明 $a - b = 1$.

17. 设随机变量 X 的分布函数为

$$F(x) = \begin{cases} 0, & x < 1, \\ \ln x, & 1 \leq x < e, \\ 1, & x \geq e. \end{cases}$$

(1) 求 $P\{X \leq 2\}, P\{0 < X \leq 3\}, P\{2 < X \leq 2.5\}$.

(2) 求随机变量 X 的概率函数 $f(x)$.

18. 设随机变量 X 的概率函数为

$$f(x) = \begin{cases} a\cos x, & |x| \leq \dfrac{\pi}{2}, \\ 1, & \text{其他}. \end{cases}$$

求:

(1) 求常数 a;

(2) $P\{0<X<\frac{\pi}{4}\}$;

(3) X 的概率函数 $F(x)$.

19. 设随机变量 X 的概率密度为
$$f(x)=ae^{-|x|}, \quad -\infty<x<+\infty.$$
求：

(1) 求常数 a；

(2) $P\{0\leqslant X\leqslant 1\}$;

(3) X 的概率函数 $F(x)$.

20. 设某种型号电子元件的寿命 X（以小时计）具有以下的概率密度
$$f(x)=\begin{cases}\dfrac{1000}{x^2}, & x\geqslant 1000, \\ 1, & 其他.\end{cases}$$
现有一大批此种电子元件（设各元件工作相互独立），问

(1) 任取 1 个，其寿命大于 1500 小时的概率是多少？

(2) 任取 4 个，4 个元件中恰好有 2 个元件的寿命大于 1500 小时的概率是多少？

(3) 任取 4 个，4 个元件中至少有 1 个元件的寿命大于 1500 小时的概率是多少？

21. 设 K 在 $(0,5)$ 上服从均匀分布，求方程 $4x^2+4Kx+K+2=0$ 有实根的概率.

22. 设修理某机器所用时间 X 服从参数为 $\theta=2$（小时）指数分布，求在机器出现故障时，在一小时内可以修好的概率.

23. 设顾客在某银行的窗口等待服务的时间 X（以分计）服从参数为 $\theta=5$（小时）指数分布. 某顾客在窗口等待服务，若超过 10 分钟，他就离开. 他一个月要到银行 5 次，以 Y 表示 1 个月内他未等到服务而离开窗口的次数. 写出 Y 的分布律，并求 $P\{Y\geqslant 1\}$.

24. 设 $X\sim N(0,1)$，求：

(1) $P\{X<2.35\}, P\{X<-3.03\}, P\{|X|\leqslant 1.54\}$;

(2) 求数 $z_{0.025}$，使得 $P\{X>z_{0.025}\}=0.025$.

25. 设 $X\sim N(3,4)$，求：

(1) $P\{2<X\leqslant 5\}, P\{-4<X\leqslant 10\}, P\{|X|>2\}, P\{X>3\}$;

(2) 求常数 c，使得 $P\{X>c\}=P\{X\leqslant c\}$.

26. 设 $X\sim N(0,1)$，设 x 满足 $P\{|X|>x\}<0.1$. 求 x 的取值范围.

27. 设 $X\sim N(10,4)$，求：

(1) $P\{7<X\leqslant 15\}$;

(2) 求常数 d，使得 $P\{|X-10|<d\}<0.9$.

28. 某机器生产的螺栓长度 X（单位:cm）服从正态分布 $N(10.05,0.06^2)$，规定长度在范围 10.05 ± 0.12 内为合格，求一螺栓不合格的概率.

29. 测量距离时产生误差 X（单位:m）服从正态分布 $N(20,40^2)$. 进行 3 次独立观测. 求：

(1) 至少有一次误差绝对值不超过 30m 的概率；

(2) 只有一次误差绝对值不超过 30m 的概率.

30. 一工厂生产的某种元件的寿命 X（单位:h）服从正态分布 $N(160,\sigma^2)$ 若要求 $P\{120<$

$X<200\}\geqslant 0.80$,允许 σ 最大为多少?

31. 将一温度调节器放置在储存着某种液体的容器内. 调节器整定在 $d°C$,液体的温度 X(以 $d°C$ 计)是一个随机变量,且 $X\sim N(d,0.5^2)$.

(1) 若 $d=90°C$,求 X 小于 $89°C$ 的概率.

(2) 若要求保持液体的温度至少为 $80°C$ 的概率不低于 0.99,问 d 至少为多少?

32. 设随机变量 X 的分布律为

X	-2	0	2	3
p	0.2	0.2	0.3	0.3

求:

(1) $Y=-2X+1$ 的分布律;

(2) $Y=|X|$ 的分布律.

33. 设随机变量 X 的分布律为

X	-1	0	1	2
p	0.2	0.3	0.1	0.4

求:$Y=(X-1)^2$ 的分布律.

34. 设 $X\sim U(0,1)$,求:

(1) $Y=3X+1$ 的分布律;

(2) $Y=e^X$ 的分布律;

(3) $Y=-2\ln X+1$ 的分布律.

35. 设随机变量 X 的概率密度为

$$f(x)=\begin{cases}\dfrac{3}{2}x^2, & -1<x<1,\\ 1, & 其他.\end{cases}$$

求

(1) $Y=3X$ 的概率密度;

(2) $Y=3-X$ 的概率密度;

(3) $Y=X^2$ 的概率密度.

36. 设随机变量 X 的概率密度为

$$f(x)=\begin{cases}e^{-x}, & x>0,\\ 1, & 其他.\end{cases}$$

求

(1) $Y=2X+1$ 的概率密度;

(2) $Y=e^X$ 的概率密度;

(3) $Y=X^2$ 的概率密度.

37. 设 $X\sim N(0,1)$,求:

(1) $Y=e^X$ 的概率密度;

(2) $Y=2X^2+1$ 的概率密度;

(3) $Y=|X|$ 的概率密度.

38. 设随机变量 X 的概率密度为
$$f(x)=\begin{cases} \dfrac{2x}{\pi}, & 0<x<\pi, \\ 1, & 其他. \end{cases}$$

求 $Y=\sin X$ 的概率密度.

第 3 章 多维随机变量及其概率分布

3.1 二维随机变量的概念

3.1.1 二维随机变量及其分布函数

到目前为止,我们只限于讨论一个随机变量的情况,在实际问题中,有些随机现象用一个随机变量来描述还不够,而是需要同时考虑几个随机变量. 例如,为了研究某一地区学龄前儿童的发育情况,每个儿童的身高和体重应同时考虑,又如考察某地区的气候,通常要同时考察气温、气压、风力、湿度这 4 个随机变量. 为研究这类随机变量的统计规律,我们引入多维随机变量的概念.

定义 3.1 设 E 是一个随机试验,它的样本空间是 $S=\{e\}$,设 $X=X(e)$ 和 $Y=Y(e)$ 定义在 S 上的随机变量,由它们构成一个向量 (X,Y) 称为**二维随机向量**或**二维随机变量**.

同样地,n 个随机变量 $X_1, X_2, \cdots, X_n$ 构成的整体 $X=(X_1, X_2, \cdots, X_n)$ 称为 n **维随机变量**或 n **维随机向量**,X_i 称为 X 的第 $i(i=1,2,\cdots,n)$ 个分量.

二维随机变量 (X,Y) 的性质不仅与 X 及 Y 有关,而且还依赖于这两个随机变量的相互关系. 和一维的情况类似,我们也借助于"分布函数"来研究二维随机变量.

定义 3.2 设 (X,Y) 为一个二维随机变量,记

$$F(x,y)=P\{X\leqslant x, Y\leqslant y\}, \quad -\infty<x<+\infty, \quad -\infty<y<+\infty,$$

称二元函数 $F(x,y)$ 为 X 与 Y 的**联合分布函数**或称为 (X,Y) 的**分布函数**.

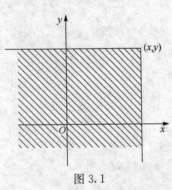

图 3.1

几何上,若把 (X,Y) 看成平面上随机点的坐标,则分布函数 $F(x,y)$ 在 (x,y) 处的函数值就是随机点 (X,Y) 落在以 (x,y) 为顶点、位于该点左下方的无穷矩形内的概率. 如图 3.1 所示.

分布函数 $F(x,y)$ 具有以下的基本性质:

(1) $0\leqslant F(x,y)\leqslant 1$.

(2) $F(x,y)$ 分别对 x 和 y 是非减的,即对于任意固定的 y,当 $x_2>x_1$ 时,有
$$F(x_2,y)\geqslant F(x_1,y);$$

对于任意固定的 x,当 $y_2>y_1$ 时,有
$$F(x,y_2)\geqslant F(x,y_1).$$

(3) $F(x,y)$ 关于 x 和 y 是右连续的,即
$$F(x,y)=F(x+0,y), \quad F(x,y)=F(x,y+0).$$

(4) $F(-\infty,-\infty)=F(-\infty,y)=F(x,-\infty)=0, F(+\infty,+\infty)=1.$

(5) 随机点 (X,Y) 落在矩形域 $\{(x,y)|a_1<x\leqslant b_1, a_2<y\leqslant b_2\}$ 的概率为
$$P\{a_1<X\leqslant b_1, a_2<Y\leqslant b_2\}=F(b_1,b_2)-F(a_1,b_2)-F(b_1,a_2)+F(a_1,a_2).$$

显然,对任意固定的 $a_1<b_1, a_2<b_2$,有

$$F(b_1,b_2)-F(a_1,b_2)-F(b_1,a_2)+F(a_1,a_2)\geqslant 0.$$

具有上述 5 条性质的 $F(x,y)$ 必可称为某二维随机变量的联合分布函数. 与一维随机变量类似, 对于二维随机变量, 我们只讨论离散型和连续型两大类. 下面分别讨论.

3.1.2 二维离散型随机变量联合概率分布

定义 3.3 二维随机变量 (X,Y) 的所有可能取值是有限对或可列无限多对, 则称 (X,Y) 为**二维离散型随机变量**.

设 (X,Y) 的所有可能取值为 (x_i,y_j), $(i,j=1,2,\cdots)$, (X,Y) 在各个可能取值的概率为
$$P\{X=x_i, Y=y_j\}=p_{ij}, \quad i,j=1,2,\cdots,$$
称 $P\{X=x_i, Y=y_j\}=p_{ij}, i,j=1,2,\cdots$ 为 (X,Y) 的**分布律**或称为 X 和 Y 的**联合分布律**.

(X,Y) 的联合分布律可以写成如下列表形式：

X \ Y	y_1	y_2	$\cdots$	y_j	$\cdots$
x_1	p_{11}	p_{12}	$\cdots$	p_{1j}	$\cdots$
x_2	p_{21}	p_{22}	$\cdots$	p_{2j}	$\cdots$
$\vdots$	$\vdots$	$\vdots$		$\vdots$	
x_i	p_{i1}	p_{i2}	$\cdots$	p_{ij}	$\cdots$
$\vdots$	$\vdots$	$\vdots$		$\vdots$	

离散型随机变量 (X,Y) 的联合分布律具有下列性质：

(1) $p_{ij}\geqslant 0$ $(i,j=1,2,\cdots)$；

(2) $\sum_i \sum_j p_{ij} = 1$.

反之, 若数集 $\{p_{ij}\}$ $(i,j=1,2,\cdots)$ 具有以上两条性质, 则它必可作为某二维离散型随机变量的分布律.

由分布函数的定义可得离散型随机变量的联合分布函数为
$$F(x,y)=P\{X\leqslant x, Y\leqslant y\}=\sum_{x_i\leqslant x}\sum_{y_j\leqslant y} p_{ij}.$$

例 1 设 (X,Y) 的分布律为

X \ Y	1	2	3
-1	$\dfrac{1}{3}$	$\dfrac{a}{6}$	$\dfrac{1}{4}$
1	0	$\dfrac{1}{4}$	a^2

求 (1) a 的值；(2) 求概率 $P\{X\leqslant 1, Y\leqslant 1\}$.

解 (1) 由分布律性质知
$$\frac{1}{3}+\frac{a}{6}+\frac{1}{4}+\frac{1}{4}+a^2=1,$$
则

$$6a^2+a-1=0, \quad (3a-1)(2a+1)=0,$$

解得 $a=\dfrac{1}{3}$ 或 $a=-\dfrac{1}{2}$（负值舍去），所以 $a=\dfrac{1}{3}$.

(2) $P\{X\leqslant 1, Y\leqslant 1\}=P\{X=-1,Y=1\}+P\{X=1,Y=1\}$
$$=\dfrac{1}{3}+0=\dfrac{1}{3}.$$

例 2 从一个装有 3 支蓝色、2 支红色、3 支绿色圆珠笔的盒子里,随机抽取两支,若 X,Y 分别表示抽出的蓝笔数和红笔数,求 (X,Y) 的分布律.

解 (X,Y) 的可能值是 $(0,0),(0,1),(1,0),(1,1),(0,2),(2,0)$. 因此

$$P\{X=0,Y=0\}=\dfrac{C_3^0 C_2^0 C_3^2}{C_8^2}=\dfrac{3}{28}, \quad P\{X=0,Y=1\}=\dfrac{C_3^0 C_2^1 C_3^1}{C_8^2}=\dfrac{3}{14},$$

$$P\{X=1,Y=1\}=\dfrac{C_3^1 C_2^1 C_3^0}{C_8^2}=\dfrac{3}{14}, \quad P\{X=0,Y=2\}=\dfrac{C_3^0 C_2^2 C_3^0}{C_8^2}=\dfrac{1}{28},$$

$$P\{X=1,Y=0\}=\dfrac{C_3^1 C_2^0 C_3^1}{C_8^2}=\dfrac{9}{28}, \quad P\{X=2,Y=0\}=\dfrac{C_3^2 C_2^0 C_3^0}{C_8^2}=\dfrac{3}{28},$$

则 (X,Y) 的分布律为

X \ Y	0	1	2
0	$\dfrac{3}{28}$	$\dfrac{3}{14}$	$\dfrac{1}{28}$
1	$\dfrac{9}{28}$	$\dfrac{3}{14}$	0
2	$\dfrac{3}{28}$	0	0

3.1.3 二维连续型随机变量的联合概率密度

与一维连续型随机变量类似,我们定义二维连续型随机变量的概率密度.

定义 3.4 设二维随机变量 (X,Y) 的分布函数为 $F(x,y)$,如果存在非负函数 $f(x,y)$,使得对任意的实数 x,y,有

$$F(x,y)=\int_{-\infty}^{x}\int_{-\infty}^{y} f(u,v)\mathrm{d}u\mathrm{d}v,$$

则称 (X,Y) 是**二维连续型随机变量**,而 $f(x,y)$ 称为二维随机变量 (X,Y) 的**概率密度**或称随机变量 X 和 Y 的**联合概率密度**.

概率密度 $f(x,y)$ 具有以下性质:

(1) $f(x,y)\geqslant 0$;

(2) $\displaystyle\int_{-\infty}^{+\infty}\int_{-\infty}^{+\infty} f(x,y)\mathrm{d}x\mathrm{d}y=1$; (3.1.1)

(3) 若 $f(x,y)$ 在点 (x,y) 连续,则有

$$\dfrac{\partial^2 F(x,y)}{\partial x \partial y}=f(x,y);$$

(4) 点 (X,Y) 落在平面上区域 G 内的概率为

$$P\{(X,Y) \in G\} = \iint_G f(x,y) \mathrm{d}x\mathrm{d}y. \tag{3.1.2}$$

注:任何一个函数 $f(x,y)$ 满足性质(1)和(2),则它可以成为某二维连续型随机变量的概率密度.性质(4)表明:随机点(X,Y)落在平面区域G上的概率等于以G为底、曲面$z=f(x,y)$为顶的曲顶柱体的体积.

在使用(3.1.2)式计算概率时,如果联合概率密度 $f(x,y)$ 在区域 G 内的取值有些部分非零,此时积分区域可缩小到 $f(x,y)$ 的非零区域与 G 的交集部分,然后再把二重积分化成二次积分,最后计算出结果.

例 3 设二维随机变量(X,Y)具有概率密度

$$f(x,y) = \begin{cases} A\mathrm{e}^{-(2x+y)}, & x>0, y>0, \\ 0, & \text{其他.} \end{cases}$$

(1) 试求常数 A;(2) 求概率 $P\{Y \leqslant X\}$;(3) 求概率 $P\{Y+X \leqslant 1\}$;(4) 求分布函数 $F(x,y)$.

解 (1) 仅在区域 $G:\{(x,y)\,|\,x>0,y>0\}$ 上有 $f(x,y)>0$,否则 $f(x,y)=0$. 由(3.1.1)式可知

$$1 = \int_{-\infty}^{+\infty}\int_{-\infty}^{+\infty} f(x,y)\mathrm{d}x\mathrm{d}y = \iint_G f(x,y)\mathrm{d}x\mathrm{d}y$$
$$= \int_0^{+\infty}\int_0^{+\infty} A\mathrm{e}^{-(2x+y)}\mathrm{d}x\mathrm{d}y = \int_0^{+\infty}\mathrm{e}^{-y}\mathrm{d}y\int_0^{+\infty} A\mathrm{e}^{-2x}\mathrm{d}x = \frac{A}{2},$$

得 $A=2$.

(2) 将(X,Y)看成是平面上随机点的坐标,即有

$$\{Y \leqslant X\} = \{(X,Y) \in D\},$$

其中 D 为 xOy 平面上直线 $y=x$ 及其下方的部分,而 G' 为区域 D 与 $f(x,y)$ 非零区域的交集,如图 3.2 所示,于是有

$$P\{Y \leqslant X\} = P\{(X,Y) \in D\} = \iint_D f(x,y)\mathrm{d}x\mathrm{d}y$$
$$= \iint_{D \cap G = G'} 2\mathrm{e}^{-(2x+y)}\mathrm{d}x\mathrm{d}y$$
$$= \int_0^{+\infty} 2\mathrm{e}^{-2x}\mathrm{d}x\int_0^x \mathrm{e}^{-y}\mathrm{d}y = \frac{1}{3}.$$

(3) 如图 3.3 所示,其中 $G:x+y \leqslant 1, x>0, y>0$,则所求概率为

$$P\{X+Y \leqslant 1\} = \iint_G f(x,y)\mathrm{d}x\mathrm{d}y = \int_0^1 \mathrm{d}x\int_0^{1-x} 2\mathrm{e}^{-2x-y}\mathrm{d}y$$
$$= \int_0^1 \mathrm{d}x\int_0^{1-x} 2\mathrm{e}^{-2x-y}\mathrm{d}y = 1 - 2\mathrm{e}^{-1} + \mathrm{e}^{-2}.$$

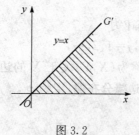

图 3.2

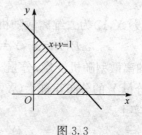

图 3.3

(4) $F(X,Y) = \int_{-\infty}^{y}\int_{-\infty}^{x} f(x,y)\mathrm{d}x\mathrm{d}y$

$= \begin{cases} \int_{0}^{y}\int_{0}^{x} 2\mathrm{e}^{-(2x+y)}\mathrm{d}x\mathrm{d}y, & x>0, y>0, \\ 0, & \text{其他}, \end{cases}$

即 $F(x,y) = \begin{cases} (1-\mathrm{e}^{-2x})(1-\mathrm{e}^{-y}), & x>0, y>0, \\ 0, & \text{其他}. \end{cases}$

下面介绍两种重要的二维连续型随机变量的分布:均匀分布和二维正态分布.

定义 3.5 设 D 为平面上的有界区域,其面积为 S 且 $S>0$,如果二维随机变量 (X,Y) 的概率密度为

$$f(x,y) = \begin{cases} \dfrac{1}{S}, & (x,y) \in D, \\ 0, & \text{其他}, \end{cases}$$

则称 (X,Y) 服从区域 D 上的**均匀分布**(或称 (X,Y) 在 D 上服从**均匀分布**),记作 $(X,Y) \sim U_D$.

定义 3.6 若二维连续型随机变量 (X,Y) 的概率密度为

$$f(x,y) = \frac{1}{2\pi\sigma_1\sigma_2\sqrt{1-\rho^2}}\exp\left\{\frac{-1}{2(1-\rho^2)}\left[\frac{(x-\mu_1)^2}{\sigma_1^2} - 2\rho\frac{(x-\mu_1)(y-\mu_2)}{\sigma_1\sigma_2} + \frac{(y-\mu_2)^2}{\sigma_2^2}\right]\right\},$$
$$-\infty < x < +\infty, \quad -\infty < y < +\infty,$$

其中 $\mu_1, \mu_2, \sigma_1, \sigma_2, \rho$ 都是常数,且 $-\infty < \mu_1 < +\infty$, $-\infty < \mu_2 < +\infty$, $\sigma_1 > 0$, $\sigma_2 > 0$, $-1 < \rho < 1$,则称 (X,Y) 服从**参数**为 $\mu_1, \mu_2, \sigma_1, \sigma_2, \rho$ 的**二维正态分布**,记为 $(X,Y) \sim N(\mu_1, \mu_2, \sigma_1^2, \sigma_2^2, \rho)$.

3.2 边缘分布

3.2.1 二维随机变量的边缘分布函数

定义 3.7 设二维随机变量 (X,Y) 的分布函数为 $F(x,y)$,而它的两个分量 X 和 Y 都是一维随机变量,各自也有分布函数,将它们分别记为 $F_X(x), F_Y(y)$,依次称为二维随机变量 (X,Y) 关于 X 和关于 Y 的**边缘分布函数**.

边缘分布函数可由联合分布函数来确定,事实上,
$$F_X(x) = P\{X \leqslant x\} = P\{X \leqslant x, Y < +\infty\} = F(x, +\infty),$$
$$F_Y(y) = P\{Y \leqslant y\} = P\{X < +\infty, Y \leqslant y\} = F(+\infty, y).$$

这里需要指出的是,(X,Y) 的联合分布函数为 $F(x,y)$ 决定了边缘分布函数 $F_X(x)$ 和 $F_Y(y)$,但反过来,在一般情况下,仅知道边缘分布函数是不能确定联合分布函数的.

3.2.2 二维离散型随机变量的边缘分布

定义 3.8 设 (X,Y) 为二维离散随机变量,其分布律为
$$P\{X=x_i, Y=y_j\} = p_{ij}, \quad i,j=1,2,\cdots,$$

而 X,Y 是一维的离散型随机变量,分量 X 的分布律称为 (X,Y) 关于 X 的**边缘分布律**,记为 $p_i._{}$ $i=1,2,\cdots$,分量 Y 的分布律称为 (X,Y) 关于 Y 的**边缘分布律**,记为 $p._{j}$ $j=1,2,\cdots$. 它们可由 p_{ij} 求出,事实上,
$$p_{i\cdot} = P\{X=x_i\} = P\{X=x_i, Y<+\infty\}$$

$$= P\{X=x_i, Y=y_1\} + P\{X=x_i, Y=y_2\} + \cdots + P\{X=x_i, Y=y_j\} + \cdots$$
$$= \sum_j P\{X=x_i, Y=y_j\} = \sum_j p_{ij},$$

即 (X,Y) 关于 X 的边缘分布律为

$$p_{i\cdot} = P\{X=x_i\} = \sum_j p_{ij}, \quad i=1,2,\cdots. \tag{3.2.1}$$

同样可得到 (X,Y) 关于 Y 的边缘分布律:

$$p_{\cdot j} = P\{Y=y_j\} = \sum_i p_{ij}, \quad j=1,2,\cdots. \tag{3.2.2}$$

(X,Y) 联合概率分布和边缘概率分布可以用下面的表格来表示:

X \ Y	y_1	y_2	$\cdots$	y_j	$\cdots$	$p_{i\cdot}$
x_1	p_{11}	p_{12}	$\cdots$	p_{1j}	$\cdots$	$\sum_i p_{1j}$
x_2	p_{21}	p_{22}	$\cdots$	p_{2j}	$\cdots$	$\sum_i p_{2j}$
$\vdots$	$\vdots$	$\vdots$		$\vdots$		$\vdots$
x_i	p_{i1}	p_{i2}	$\cdots$	p_{ij}	$\cdots$	$\sum_i p_{ij}$
$\vdots$	$\vdots$	$\vdots$		$\vdots$		
$p_{\cdot j}$	$\sum_j p_{i1}$	$\sum_j p_{i2}$		$\sum_j p_{ij}$		

注:$p_{i\cdot}$ 就是 (X,Y) 联合概率分布表格中第 i 行各数之和,$p_{\cdot j}$ 就是 (X,Y) 联合概率分布表格中第 j 列各数之和. 关于 X 和关于 Y 的边缘分布列在联合分布律表的边缘位置,"边缘"二字即取此意.

例1 设盒中有 2 个白球 3 个黑球,在其中随机的取两次球,每次取一球,且定义随机变量:

$$X = \begin{cases} 1, & \text{第一次摸出白球,} \\ 0, & \text{第一次摸出黑球,} \end{cases}$$

$$Y = \begin{cases} 1, & \text{第二次摸出白球,} \\ 0, & \text{第二次摸出黑球,} \end{cases}$$

分别对有放回摸球与不放回摸球两种情况求出 (X,Y) 的分布律与边缘分布律.

解 (1)有放回摸球情况:
由于事件 $\{X=i\}$ 与事件 $\{Y=j\}$ 相互独立$(i,j=0,1)$,所以

$$P\{X=0, Y=0\} = P\{X=0\} \cdot P\{Y=0\} = \frac{3}{5} \times \frac{3}{5} = \frac{9}{25},$$

$$P\{X=0, Y=1\} = P\{X=0\} \cdot P\{Y=1\} = \frac{3}{5} \times \frac{2}{5} = \frac{6}{25},$$

$$P\{X=1, Y=0\} = P\{X=1\} \cdot P\{Y=0\} = \frac{2}{5} \times \frac{3}{5} = \frac{6}{25},$$

$$P\{X=1, Y=1\} = P\{X=1\} \cdot P\{Y=1\} = \frac{2}{5} \times \frac{2}{5} = \frac{4}{25},$$

则 (X,Y) 的分布律和边缘分布律为

X \ Y	0	1	$p_{i\cdot}$
0	$\frac{9}{25}$	$\frac{6}{25}$	$\frac{3}{5}$
1	$\frac{6}{25}$	$\frac{4}{25}$	$\frac{2}{5}$
$p_{\cdot j}$	$\frac{3}{5}$	$\frac{2}{5}$	

(2) 不放回摸球情况:

$$P\{X=0,Y=0\}=P\{X=0\}\cdot P\{Y=0|X=0\}=\frac{3}{5}\times\frac{2}{4}=\frac{3}{10},$$

$$P\{X=0,Y=1\}=\frac{3}{5}\times\frac{2}{4}=\frac{3}{10},$$

$$P\{X=1,Y=0\}=\frac{2}{5}\times\frac{3}{4}=\frac{3}{10},$$

$$P\{X=1,Y=1\}=\frac{2}{5}\times\frac{1}{4}=\frac{1}{10},$$

则 (X,Y) 的分布律和边缘分布律为

X \ Y	0	1	$p_{i\cdot}$
0	$\frac{3}{10}$	$\frac{3}{10}$	$\frac{3}{5}$
1	$\frac{3}{10}$	$\frac{1}{10}$	$\frac{2}{5}$
$p_{\cdot j}$	$\frac{3}{5}$	$\frac{2}{5}$	

注意:从上例看出,不放回和有放回摸球 (X,Y) 的联合分布律不相同,但它们的边缘分布律是相同的,所以,对于二维离散型随机变量 (X,Y),由它的联合分布可以确定它的两个边缘分布,但边缘分布律是不能确定联合分布律.

3.2.3 二维连续型随机变量的边缘概率密度

定义 3.9 对于连续型随机变量 (X,Y),分量 X(或 Y)的概率密度称为 (X,Y) 关于 X(或 Y)的**边缘概率密度**,简称**边缘密度**,记为 $f_X(x)$(或 $f_Y(y)$).

边缘概率密度 $f_X(x)$ 或 $f_Y(y)$ 可由 (X,Y) 的联合概率密度 $f(x,y)$ 求出:

$$f_X(x)=\int_{-\infty}^{+\infty}f(x,y)\mathrm{d}y,\quad -\infty<x<+\infty, \tag{3.2.3}$$

$$f_Y(y)=\int_{-\infty}^{+\infty}f(x,y)\mathrm{d}x,\quad -\infty<y<+\infty. \tag{3.2.4}$$

证 因为关于 X 的边缘分布函数

$$F_X(x)=F(x,+\infty)=\int_{-\infty}^{x}\left[\int_{-\infty}^{+\infty}f(x,y)\mathrm{d}y\right]\mathrm{d}x.$$

上式两边对 x 求导得

$$f_X(x) = \int_{-\infty}^{+\infty} f(x,y)\mathrm{d}y, \quad -\infty < x < +\infty.$$

同理可得到
$$f_Y(y) = \int_{-\infty}^{+\infty} f(x,y)\mathrm{d}x, \quad -\infty < y < +\infty.$$

例 2 设 (X,Y) 的概率密度为
$$f(x,y) = \begin{cases} \mathrm{e}^{-x}, & 0 < y < x, \\ 0, & \text{其他}. \end{cases}$$

求(1)边缘概率密度 $f_X(x), f_Y(y)$;(2)$P(X+Y<1)$.

解 (1) 如图 3.4 所示,在阴影区域 G 上,$f(x,y) = \mathrm{e}^{-x}$,
$$f_X(x) = \int_{-\infty}^{+\infty} f(x,y)\mathrm{d}y = \begin{cases} 0, & x \leqslant 0 \\ \int_0^x \mathrm{e}^{-x}\mathrm{d}y, & x > 0 \end{cases}$$
$$= \begin{cases} 0, & x \leqslant 0, \\ x\mathrm{e}^{-x}, & x > 0. \end{cases}$$
$$f_Y(y) = \int_{-\infty}^{+\infty} f(x,y)\mathrm{d}x = \begin{cases} 0, & y \leqslant 0, \\ \int_y^{+\infty} \mathrm{e}^{-x}\mathrm{d}x, & y > 0 \end{cases}$$
$$= \begin{cases} 0, & y \leqslant 0, \\ \mathrm{e}^{-y}, & y > 0. \end{cases}$$

(2) 如图 3.5 所示,有

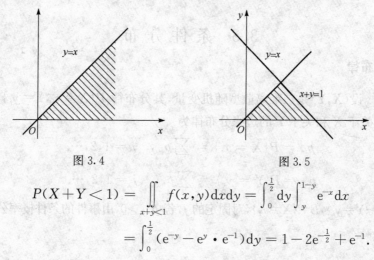

图 3.4　　　　　　　图 3.5

$$P(X+Y<1) = \iint_{x+y<1} f(x,y)\mathrm{d}x\mathrm{d}y = \int_0^{\frac{1}{2}}\mathrm{d}y \int_y^{1-y} \mathrm{e}^{-x}\mathrm{d}x$$
$$= \int_0^{\frac{1}{2}}(\mathrm{e}^{-y} - \mathrm{e}^{y} \cdot \mathrm{e}^{-1})\mathrm{d}y = 1 - 2\mathrm{e}^{-\frac{1}{2}} + \mathrm{e}^{-1}.$$

例 3 设二维正态分布 $(X,Y) \sim N(\mu_1,\mu_2,\sigma_1^2,\sigma_2^2,\rho)$,求关于 X,Y 边缘概率密度 $f_X(x)$,$f_Y(y)$.

解 $f(x,y) = \dfrac{1}{2\pi\sigma_1\sigma_2\sqrt{1-\rho^2}}\exp\left\{\dfrac{-1}{2(1-\rho^2)}\left[\dfrac{(x-\mu_1)^2}{\sigma_1^2} - 2\rho\dfrac{(x-\mu_1)(y-\mu_2)}{\sigma_1\sigma_2} + \dfrac{(y-\mu_2)^2}{\sigma_2^2}\right]\right\},$
$$-\infty < x < +\infty, \quad -\infty < y < +\infty,$$

又因为
$$\dfrac{(y-\mu_2)^2}{\sigma_2^2} - 2\rho\dfrac{(x-\mu_1)(y-\mu_2)}{\sigma_1\sigma_2} = \left(\dfrac{y-\mu_2}{\sigma_2} - \rho\dfrac{x-\mu_1}{\sigma_1}\right)^2 - \rho^2\dfrac{(x-\mu_1)^2}{\sigma_1^2}.$$

于是

$$f_X(x) = \int_{-\infty}^{+\infty} f(x,y)\,dy$$

$$= \frac{1}{2\pi\sigma_1\sigma_2\sqrt{1-\rho^2}} e^{-\frac{(x-\mu_1)^2}{2\sigma_1^2}} \int_{-\infty}^{+\infty} e^{\frac{-1}{2(1-\rho^2)}\left(\frac{y-\mu_2}{\sigma_2}-\rho\frac{x-\mu_1}{\sigma_1}\right)^2}\,dy.$$

令 $t = \dfrac{1}{\sqrt{1-\rho^2}}\left(\dfrac{y-\mu_2}{\sigma_2} - \rho\dfrac{x-\mu_1}{\sigma_1}\right)$ 得

$$f_X(x) = \frac{1}{2\pi\sigma_1} e^{-\frac{(x-\mu_1)^2}{2\sigma_1^2}} \int_{-\infty}^{+\infty} e^{-\frac{t^2}{2}}\,dt,$$

即

$$f_X(x) = \frac{1}{\sqrt{2\pi}\sigma_1} e^{-\frac{(x-\mu_1)^2}{2\sigma_1^2}}, \quad -\infty < x < +\infty,$$

同理

$$f_Y(y) = \frac{1}{\sqrt{2\pi}\sigma_2} e^{-\frac{(y-\mu_2)^2}{2\sigma_2^2}}, \quad -\infty < y < +\infty.$$

可知 $X \sim N(\mu_1,\sigma_1^2)$，$Y \sim N(\mu_2,\sigma_2^2)$，即二维正态分布的边缘分布为一维正态分布.

二维正态分布的两个边缘分布都是一维正态分布，并且不依赖于参数 ρ，即对于给定的 $\mu_1,\sigma_1,\mu_2,\sigma_2$，不同的 ρ 对应不同的二维正态分布，它们的边缘分布却都是一样的. 事实表明，仅有关于 X 和关于 Y 的边缘分布，一般是不能确定随机变量的联合分布的.

3.3 条件分布

3.3.1 条件分布律

定义 3.10 设 (X,Y) 是二维离散型随机变量，其分布律 $P\{X=x_i, Y=y_j\} = p_{ij}$，$i,j=1,2,\cdots$，则 (X,Y) 关于 X 和关于 Y 的边缘分布律为

$$p_{i\cdot} = P\{X=x_i\} = \sum_j p_{ij}, \quad i=1,2,\cdots.$$

$$p_{\cdot j} = P\{Y=y_j\} = \sum_i p_{ij}, \quad j=1,2,\cdots.$$

令事件 $A=\{Y=y_j\}$，$B=\{X=x_i\}$，对固定的 j，若 $p_{\cdot j}>0$，由事件的条件概率公式 $P(B|A)=\dfrac{P(AB)}{P(A)}$，有

$$P\{X=x_i | Y=y_j\} = \frac{P\{X=x_i, Y=y_j\}}{P\{Y=y_j\}} = \frac{p_{ij}}{p_{\cdot j}}, \quad i=1,2,\cdots, \tag{3.3.1}$$

称为在 $Y=y_j$ 条件下随机变量 X 的**条件分布律**.

同样，对固定的 i，若 $p_{i\cdot}>0$，由条件概率的公式得到

$$P\{Y=y_j | X=x_i\} = \frac{P\{X=x_i, Y=y_j\}}{P\{X=x_i\}} = \frac{p_{ij}}{p_{i\cdot}}, \quad j=1,2,\cdots, \tag{3.3.2}$$

称为在 $X=x_i$ 条件下随机变量 Y 的**条件分布律**.

例 1 设二维随机变量 (X,Y) 的联合分布律为

Y \ X	0	1	2
0	0.1	0.25	0.15
1	0.15	0.20	0.15

求:

(1) 在 $X=0$ 条件下随机变量 Y 的条件分布律.

(2) 在 $Y=1$ 条件下随机变量 X 的条件分布律.

解 (1) $P\{X=0\}=0.1+0.15=0.25$.

由条件分布律公式可得

$$P\{Y=0\mid X=0\}=\frac{P\{X=0,Y=0\}}{P\{X=0\}}=\frac{0.1}{0.25}=\frac{2}{5},$$

$$P\{Y=1\mid X=0\}=\frac{P\{X=0,Y=1\}}{P\{X=0\}}=\frac{0.15}{0.25}=\frac{3}{5},$$

在 $X=0$ 条件下随机变量 Y 的条件分布律为

$Y=k$	0	1
$P\{Y=k\mid X=0\}$	$\frac{2}{5}$	$\frac{3}{5}$

(2) 同理可得 $Y=1$ 条件下随机变量 X 的条件分布律为

$X=k$	0	1	2
$P\{X=k\mid Y=1\}$	$\frac{3}{10}$	$\frac{4}{10}$	$\frac{3}{10}$

3.3.2 条件概率密度

定义 3.11 设 (X,Y) 的概率密度为 $f(x,y)$,而 $f_X(x), f_Y(y)$ 分别是关于 X 和 Y 的边缘概率密度,若 $f_Y(y)>0$,则称

$$P\{X\leqslant x\mid Y=y\}=\int_{-\infty}^{x}\frac{f(x,y)}{f_Y(y)}dx$$

为在 $Y=y$ 条件下随机变量 X 的条件分布函数,记为 $F_{X\mid Y}(x\mid y)$.

于是在 $Y=y$ 条件下,X 的**条件概率密度**为

$$f_{X\mid Y}(x\mid y)=\frac{f(x,y)}{f_Y(y)}. \tag{3.3.3}$$

同样,可以定义

$$F_{Y\mid X}(y\mid x)=\int_{-\infty}^{y}\frac{f(x,y)}{f_X(x)}dx, \quad f_{Y\mid X}(y\mid x)=\frac{f(x,y)}{f_X(x)}.$$

例 2 设二维随机变量 (X,Y) 在圆域 $x^2+y^2\leqslant 1$ 上服从均匀分布,求条件概率密度 $f_{X\mid Y}(x\mid y)$.

解 由于二维随机变量 (X,Y) 服从均匀分布,圆域的面积为 π,

所以(X,Y)的概率密度为

$$f(x,y)=\begin{cases}\dfrac{1}{\pi}, & x^2+y^2\leqslant 1,\\ 0, & \text{其他},\end{cases}$$

且有边缘概率密度

$$\begin{aligned}f_Y(y)&=\int_{-\infty}^{+\infty}f(x,y)\mathrm{d}x\\ &=\begin{cases}\dfrac{1}{\pi}\int_{-\sqrt{1-y^2}}^{\sqrt{1-y^2}}\mathrm{d}x=\dfrac{2}{\pi}\sqrt{1-y^2}, & -1\leqslant y\leqslant 1,\\ 0, & \text{其他}.\end{cases}\end{aligned}$$

于是当$-1<y<1$时有

$$f_{X|Y}(x|y)=\dfrac{f(x,y)}{f_Y(y)}=\begin{cases}\dfrac{\dfrac{1}{\pi}}{\dfrac{2}{\pi}\sqrt{1-y^2}}=\dfrac{1}{2\sqrt{1-y^2}}, & -\sqrt{1-y^2}\leqslant x\leqslant \sqrt{1-y^2},\\ 0, & \text{其他}.\end{cases}$$

3.4 随机变量的独立

本节从两个事件相互独立的概念引出两个随机变量相互独立的概念.

事件$\{X\leqslant x\}$与$\{Y\leqslant y\}$相互独立,则有$P\{X\leqslant x,Y\leqslant y\}=P\{X\leqslant x\}P\{Y\leqslant y\}$,从而由分布函数定义有以下定义.

定义 3.12 若对任意的x,y,有
$$F(x,y)=F_X(x)F_Y(y),$$
其中$F(x,y),F_X(x)$和$F_Y(y)$分别是二维随机变量(X,Y)的分布函数和两个边缘分布函数,则称X与Y相互独立.

下面分别介绍离散型与连续型随机变量X,Y相互独立.

3.4.1 二维离散型随机变量的独立性

设(X,Y)为离散型随机变量,其分布律为
$$p_{ij}=P\{X=x_i,Y=y_j\},\quad i,j=1,2,\cdots.$$
边缘分布律为
$$p_{i\cdot}=P\{X=x_i\}=\sum_j p_{ij},\quad i=1,2,\cdots.$$
$$p_{\cdot j}=P\{Y=y_j\}=\sum_i p_{ij},\quad j=1,2,\cdots.$$
X与Y相互独立的充要条件为对一切i,j有
$$P\{X=x_i,Y=y_j\}=P\{X=x_i\}P\{Y=y_j\},\quad p_{ij}=p_{i\cdot}\cdot p_{\cdot j} \tag{3.4.1}$$

注意:X与Y相互独立要求对所有i,j的值(3.4.1)式都成立.只要有一对(i,j)值使得(3.4.1)式不成立,则X与Y不独立.

例1 判断3.2节例1中X与Y是否相互独立.

解 (1)有放回摸球情况:因为(X,Y)的分布律与边缘分布律为

X \ Y	0	1	$p_i.$
0	$\frac{9}{25}$	$\frac{6}{25}$	$\frac{3}{5}$
1	$\frac{6}{25}$	$\frac{4}{25}$	$\frac{2}{5}$
$p._j$	$\frac{3}{5}$	$\frac{2}{5}$	

对于任意的 i,j,都有 $p_{ij}=p_i.\ p._j$,所以 X 与 Y 相互独立.

(2) 不放回摸球情况:因为

$$P\{X=0\}\cdot P\{Y=0\}=\frac{3}{5}\cdot\frac{3}{5}=\frac{9}{25},$$

$$P\{X=0,Y=0\}=\frac{3}{10},$$

$$P\{X=0\}\cdot P\{Y=0\}\neq P\{X=0\}\cdot P\{Y=0\},$$

所以 X 与 Y 不相互独立.

3.4.2 二维连续型随机变量的独立性

设二维连续型随机变量(X,Y)的概率密度为$f(x,y)$,$f_X(x)$,$f_Y(y)$分别为(X,Y)关于X和Y的边缘概率密度,则 X 与 Y 相互独立的充要条件是

$$f(x,y)=f_X(x)f_Y(y), \quad -\infty<x<+\infty, \quad -\infty<y<+\infty. \tag{3.4.2}$$

证明略.

例 2 设 X 与 Y 为相互独立的随机变量,且均服从$[-1,1]$上的均匀分布,求(X,Y)的概率密度.

解 由已知条件得 X 与 Y 的概率密度分别为

$$f_X(x)=\begin{cases}\frac{1}{2}, & -1\leqslant x\leqslant 1,\\ 0, & \text{其他},\end{cases}$$

$$f_Y(y)=\begin{cases}\frac{1}{2}, & -1\leqslant y\leqslant 1,\\ 0, & \text{其他},\end{cases}$$

因为 X 与 Y 相互独立,所以(X,Y)的概率密度为

$$f(x,y)=f_X(x)f_Y(y)=\begin{cases}\frac{1}{4}, & -1\leqslant x\leqslant 1,-1\leqslant y\leqslant 1,\\ 0, & \text{其他}.\end{cases}$$

注:(1) 联合分布与边缘分布的关系:联合分布可以确定边缘分布,但一般情况下,**边缘分布是不能确定联合分布的**,然而当 X 与 Y 相互独立时,(X,Y)的分布可由它的两个边缘分布完全确定.

(2) 如果 X 与 Y 相互独立时,那么,它们各自的函数 $f(X)$ 与 $g(Y)$ 也相互独立.

(3) 在实际问题中,我们常常根据问题的实际背景来判断两个随机变量的独立性.

例3 若设(X,Y)的概率密度为
$$f(x,y)=\begin{cases}A, & 0\leqslant x\leqslant 1, 0\leqslant y\leqslant x,\\ 0, & \text{其他}.\end{cases}$$
求(1)常数A;(2)随机变量X,Y是否独立?

解 (1) 由于$\int_{-\infty}^{+\infty}\int_{-\infty}^{+\infty}f(x,y)\mathrm{d}x\mathrm{d}y=1$,由图3.6得
$$\int_0^1 \mathrm{d}x\int_0^x A\mathrm{d}y=\int_0^1 Ax\mathrm{d}x=\frac{A}{2},$$
得 $A=2$.

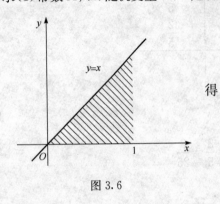

图 3.6

(2) 关于X的边缘概率密度为

当$x<0$或$x>1$时
$$f_X(x)=0;$$
当$0\leqslant x\leqslant 1$时
$$f_X(x)=\int_{-\infty}^{+\infty}f(x,y)\mathrm{d}y=\int_0^x 2\mathrm{d}y=2x.$$

所以
$$f_X(x)=\begin{cases}2x, & 0\leqslant x\leqslant 1,\\ 0, & \text{其他}.\end{cases}$$

同理
$$f_Y(y)=\begin{cases}\int_y^1 2\mathrm{d}x=2(1-y), & 0\leqslant y\leqslant 1,\\ 0, & \text{其他}.\end{cases}$$

当$0\leqslant x\leqslant 1, 0\leqslant y\leqslant 1$,
$$f_X(x)f_Y(y)\neq f(x,y).$$

所以X,Y不独立.

例4 设(X,Y)的概率密度为
$$f(x,y)=\begin{cases}\mathrm{e}^{-(x+y)}, & x\geqslant 0, y\geqslant 0,\\ 0, & \text{其他}.\end{cases}$$
问X,Y是否独立?

解 边缘概率密度为
$$f_X(x)=\int_{-\infty}^{+\infty}f(x,y)\mathrm{d}y=\begin{cases}0, & x<0,\\ \int_0^{+\infty}\mathrm{e}^{-x}\mathrm{e}^{-y}\mathrm{d}y=\mathrm{e}^{-x}, & x\geqslant 0.\end{cases}$$

同理可得
$$f_Y(y)=\begin{cases}0, & y<0,\\ \mathrm{e}^{-y}, & y\geqslant 0.\end{cases}$$

因为$f(x,y)=f_X(x)\cdot f_Y(y)$,所以$X,Y$相互独立.

3.4.3 n维随机变量

以上所述关于二维随机变量的一些概念,可推广到n维随机变量的情况.

定义 3.13 设$(X_1,X_2,\cdots,X_n)$的分布函数为

$$F(x_1,x_2,\cdots,x_n)=P\{X_1\leqslant x_1,X_2\leqslant x_2,\cdots,X_n\leqslant x_n\},$$

其概率密度为 $f(x_1,x_2,\cdots,x_n)$,则函数 $f_{X_i}(x_i)=\int_{-\infty}^{+\infty}\cdots\int_{-\infty}^{+\infty}f(x_1,x_2,\cdots,x_n)\mathrm{d}x_1\cdots\mathrm{d}x_{i-1}\mathrm{d}x_{i+1}\cdots\mathrm{d}x_n$ 关于 X_i 的边缘概率密度,$i=1,2,\cdots,n$.

定义 3.14 若对一切 $x_1,x_2,\cdots,x_n$ 有

$$f(x_1,x_2,\cdots,x_n)=f_{X_1}(x_1)f_{X_2}(x_2)\cdots f_{X_n}(x_n),$$

则称 $X_1,X_2,\cdots,X_n$ 是**相互独立的随机变量**.

3.5 两个随机变量的函数的分布

已知随机变量 (X,Y) 的联合分布,$g(x,y)$ 是二元连续函数,如何求二维随机变量 (X,Y) 的函数 $Z=g(X,Y)$ 的分布?

3.5.1 二维离散型随机变量函数的分布

对两个离散型随机变量的函数分布,我们对具体问题进行分析,从中可找到解决这类问题的基本方法.

例 1 设二维随机变量 (X,Y) 的联合分布律如下,

X \ Y	−1	0	1	2
−1	4/20	3/20	2/20	6/20
1	2/20	0	2/20	1/20

试求 $Z=X+Y$ 的分布律.

解 $Z=X+Y$ 的可能取值为 $-2,-1,0,1,2,3$.

由于事件 $\{Z=-2\}=\{X=-1,Y=-1\}$,所以

$$P\{Z=-2\}=P\{X=-1,Y=-1\}=\frac{4}{20};$$

事件 $\{Z=0\}=\{X=-1,Y=1\}\cup\{X=1,Y=-1\}$,事件 $\{X=-1,Y=1\}$ 与 $\{X=1,Y=-1\}$ 互不相容,所以

$$P\{Z=0\}=P\{X=-1,Y=1\}+P\{X=1,Y=-1\}=\frac{2}{20}+\frac{2}{20}=\frac{4}{20}.$$

同理可得 Z 取其他值的概率,

(X,Y)	$(-1,-1)$	$(-1,0)$	$(-1,1)$	$(-1,2)$	$(1,-1)$	$(1,0)$	$(1,1)$	$(1,2)$
$Z=X+Y$	−2	−1	0	1	0	1	2	3
p_{ij}	4/20	3/20	2/20	6/20	2/20	0	2/20	1/20

则 $Z=X+Y$ 的分布律为

Z	−2	−1	0	1	2	3
p	4/20	3/20	4/20	6/20	2/20	1/20

注:$Z=X-Y,Z=XY,Z=\dfrac{X}{Y}$ 都可以用上述方法.

3.5.2 二维连续型随机变量的函数的分布密度

1. $Z=X+Y$ 的分布

设二维随机变量 (X,Y) 的概率密度为 $f(x,y)$，随机变量 $Z=X+Y$，现求 Z 的概率密度 $f_Z(z)$.
先求 Z 的分布函数

$$F_Z(z) = P\{Z \leqslant z\} = \iint\limits_{x+y \leqslant z} f(x,y) \mathrm{d}x \mathrm{d}y,$$

这里积分区域 $G: x+y \leqslant z$ 是直线 $x+y=z$ 及其左下方的半平面如图 3.7 所示，将二重积分化成累次积分，得

$$F_Z(z) = \int_{-\infty}^{+\infty} \mathrm{d}x \int_{-\infty}^{z-x} f(x,y) \mathrm{d}y.$$

设 $u=x+y$，则

$$F_Z(z) = \int_{-\infty}^{+\infty} \mathrm{d}x \int_{-\infty}^{z} f(x, u-x) \mathrm{d}u = \int_{-\infty}^{z} \mathrm{d}u \int_{-\infty}^{+\infty} f(x, u-x) \mathrm{d}x.$$

所以 Z 的概率密度是

$$f_Z(z) = \int_{-\infty}^{+\infty} f(x, z-x) \mathrm{d}x.$$

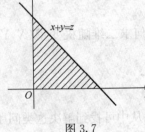

图 3.7

由 X,Y 的对称性，$f_Z(z)$ 又可写成

$$f_Z(z) = \int_{-\infty}^{+\infty} f(z-y, y) \mathrm{d}y.$$

若 X,Y 相互独立，则

$$f_Z(z) = \int_{-\infty}^{+\infty} f_X(x) f_Y(z-x) \mathrm{d}x, \tag{3.5.1}$$

$$f_Z(z) = \int_{-\infty}^{+\infty} f_X(z-y) f_Y(y) \mathrm{d}y. \tag{3.5.2}$$

(3.5.1)式与(3.5.2)式称为独立随机变量和的**卷积公式**，记为

$$f_X * f_Y = \int_{-\infty}^{+\infty} f_X(x) f_Y(z-x) \mathrm{d}x = \int_{-\infty}^{\infty} f_X(z-y) f_Y(y) \mathrm{d}y.$$

例 2 设 X,Y 是两个相互独立的随机变量，X 服从区间 $(0,1)$ 上的均匀分布，Y 服从 $\lambda=1$ 的指数分布，试求随机变量 $Z=X+Y$ 的概率密度 $f_Z(z)$.

解 由题意可知

$$f_X(x) = \begin{cases} 1, & 0<x<1, \\ 0, & \text{其他}. \end{cases} \quad f_Y(y) = \begin{cases} e^{-y}, & y>0, \\ 0, & y \leqslant 0. \end{cases}$$

利用公式 $f_Z(z) = \int_{-\infty}^{+\infty} f_X(z-y) f_Y(y) \mathrm{d}y.$

仅当 $\begin{cases} 0<z-y<1, \\ y>0, \end{cases}$ 即 $\begin{cases} z-1<y<z, \\ y>0, \end{cases}$ 时上述积分的被积函数不等于零，如图 3.8 所示.

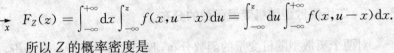

图 3.8

$$f_Z(z) = \begin{cases} \int_0^z f_X(z-y) f_Y(y) \mathrm{d}y = \int_0^z 1 \cdot e^{-y} \mathrm{d}y, & 0<z<1, \\ \int_{z-1}^z f_X(z-y) f_Y(y) \mathrm{d}y = \int_{z-1}^z 1 \cdot e^{-y} \mathrm{d}y, & z \geqslant 1, \\ 0, & \text{其他}, \end{cases}$$

即有
$$f_Z(z)=\begin{cases}1-e^{-z}, & 0<z<1,\\ (e-1)e^{-z}, & z\geqslant 1,\\ 0, & 其他.\end{cases}$$

例 3 在一简单电路中，两电阻 R_1 和 R_2 串联连接，设 R_1 和 R_2 相互独立，它们的概率密度均为

$$f(x)=\begin{cases}\dfrac{10-x}{50}, & 0\leqslant x\leqslant 10,\\ 0, & 其他.\end{cases}$$

求总电阻 $R=R_1+R_2$ 的概率密度.

解 因为 R_1 和 R_2 相互独立，由卷积公式得 $R=R_1+R_2$ 的概率密度为

$$f_R(z)=\int_{-\infty}^{+\infty}f(x)f(z-x)\mathrm{d}x,$$

易知仅当
$$\begin{cases}0<x<10,\\ 0<z-x<10,\end{cases}$$
即
$$\begin{cases}0<x<10,\\ z-10<x<z\end{cases}$$

时上述积分的被积函数不等于零，如图 3.9 所示，即得

$$f_R(z)=\begin{cases}\int_0^z f(x)f(z-x)\mathrm{d}x, & 0\leqslant z<10,\\ \int_{z-10}^{10}f(x)f(z-x)\mathrm{d}x, & 10\leqslant z\leqslant 20,\\ 0, & 其他.\end{cases}$$

$$=\begin{cases}\dfrac{1}{15000}(600z-60z^2+z^3), & 0\leqslant z<10,\\ \dfrac{1}{15000}(20-z)^3, & 10\leqslant z<20,\\ 0, & 其他.\end{cases}$$

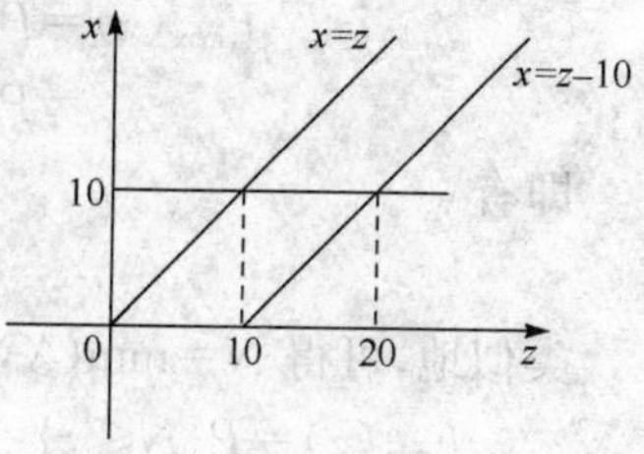

图 3.9

例 4 设 X,Y 是两个相互独立的随机变量，都服从标准正态分布 $N(0,1)$，求 $Z=X+Y$ 的概率密度.

解 X,Y 的概率密度分别为

$$f_X(x)=\frac{1}{\sqrt{2\pi}}e^{-\frac{x^2}{2}},\quad f_Y(y)=\frac{1}{\sqrt{2\pi}}e^{-\frac{y^2}{2}},$$

则 Z 的概率密度

$$f_Z(z)=\int_{-\infty}^{+\infty}f_X(x)f_Y(z-x)\mathrm{d}x=\frac{1}{2\pi}\int_{-\infty}^{+\infty}e^{-\frac{x^2}{2}}e^{-\frac{(z-x)^2}{2}}\mathrm{d}x=\frac{1}{2\pi}e^{-\frac{z^2}{4}}\int_{-\infty}^{+\infty}e^{-(x-\frac{z}{2})^2}\mathrm{d}x,$$

令 $t=x-\dfrac{z}{2}$，得

$$f_Z(z) = \frac{1}{2\pi} e^{-\frac{z^2}{4}} \int_{-\infty}^{+\infty} e^{-t^2} dt = \frac{1}{2\pi} e^{-\frac{z^2}{4}} \sqrt{\pi} = \frac{1}{2\sqrt{\pi}} e^{-\frac{z^2}{4}}.$$

注意:第二个等式用到 $\int_{-\infty}^{+\infty} e^{-t^2} dt = \sqrt{\pi}$,即 Z 服从 $N(0,2)$ 分布.

一般地,设 X,Y 相互独立,且 $X \sim N(\mu_1, \sigma_1^2), Y \sim N(\mu_2, \sigma_2^2)$,通过类似计算可得 $Z=X+Y$ 仍服从正态分布,且有 $Z \sim N(\mu_1+\mu_2, \sigma_1^2+\sigma_2^2)$.

更一般地,可以证明:若 $X_1, X_2, \cdots, X_n$ 是相互独立的随机变量,$X_i \sim N(\mu_i, \sigma_i^2), i=1, 2, \cdots, n$,其中 $a_i(i=1,2,\cdots,n)$ 是常数,则

$$X = a_1 X_1 + a_2 X_2 + \cdots + a_n X_n \sim N\left(\sum_{i=1}^{n} a_i \mu_i, \sum_{i=1}^{n} a_i^2 \sigma_i^2\right), \tag{3.5.3}$$

即 n 个独立的正态分布的线性组合仍服从正态分布. 这一重要结论读者必须牢牢记住,它在概率论与数理统计中有重要应用.

例如,设 $X \sim N(-1,2), Y \sim N(1,3)$,且 X,Y 相互独立,则
$$X + 2Y \sim N(1, 4 \times 2 + 4 \times 3),$$
即 $X+2Y \sim N(1,20)$.

2. 求 $M=\max(X,Y), N=\min(X,Y)$ 的分布

设 X,Y 是两个相互独立的随机变量,它们的分布函数分别为 $F_X(x)$ 和 $F_Y(y)$,现来求 $M=\max(X,Y), N=\min(X,Y)$ 的分布函数.

由于 X,Y 相互独立,得到 $M=\max(X,Y)$ 的分布函数为
$$F_{\max}(z) = P\{M \leqslant z\} = P\{\max(X,Y) \leqslant z\}$$
$$= P\{(X \leqslant z) \cap (Y \leqslant z)\} = P\{X \leqslant z\} P\{Y \leqslant z\},$$
即有
$$F_{\max}(z) = F_X(z) F_Y(z). \tag{3.5.4}$$

类似地,可得 $N=\min(X,Y)$ 的分布函数为
$$F_{\min}(z) = P\{N \leqslant z\} = P\{\min(X,Y) \leqslant z\}$$
$$= 1 - P\{\min(X,Y) > z\} = 1 - P\{X > z, Y > z\}$$
$$= 1 - P\{X > z\} P\{Y > z\} = 1 - [1 - P\{X \leqslant z\}][1 - P\{Y \leqslant z\}],$$
即有
$$F_{\min}(z) = 1 - [1 - F_X(z)][1 - F_Y(z)]. \tag{3.5.5}$$

以上结论可以推广到 n 个相互独立的随机变量的情况. 特别地,设 $X_1, X_2, \cdots, X_n$ 是相互独立的随机变量,且具有相同的分布函数 $F(x)$,则有
$$F_{\max}(z) = [F(z)]^n, \tag{3.5.6}$$
$$F_{\min}(z) = 1 - [1 - F(z)]^n. \tag{3.5.7}$$

例 5 设随机变量 X 的概率密度为
$$f(x) = \begin{cases} 2x, & 0 < x < 1, \\ 0, & \text{其他}. \end{cases}$$

设随机变量 X_1, X_2, X_3, X_4 相互独立且与 X 有相同的分布,求随机变量 $M=\max(X_1, X_2, X_3, X_4)$ 的概率密度.

解 X 分布函数 $F(x)$ 为

$$F(x)=\int_{-\infty}^{x}f(t)\mathrm{d}t=\begin{cases}0, & x<0,\\ x^2, & 0\leqslant x<1,\\ 1, & x\geqslant 1.\end{cases}$$

$M=\max(X_1,X_2,X_3,X_4)$ 的分布函数 $F_{\max}(z)$ 为

$$F_{\max}(z)=[F(z)]^4.$$

所以 $M=\max(X_1,X_2,\cdots,X_n)$ 的概率密度 $f_{\max}(z)$ 为

$$f_{\max}(z)=F'_{\max}(z)=\{[F(z)]^4\}'=4[F(z)]^3 f(z)$$
$$=\begin{cases}8x^7, & 0<x<1,\\ 0, & \text{其他}.\end{cases}$$

习 题

1. 两封信随机投入编号为 1,2 的信箱中,用 X 表示第一封信投入的信箱号码,Y 表示第二封信投入的信箱号码,求:(1)(X,Y) 的分布律;(2)$P\{X\geqslant Y\}$.

2. 设盒中有 2 个红球 3 个白球,从中每次任取一球,连续取两次,记 X,Y 分别表示一次与第二次取出的红球个数,分别对有放回摸球与不放回摸球两种情况求出 (X,Y) 的分布律.

3. 盒子里装有 3 只黑球,2 只红球,2 只白球,在其中任取 4 只球,以 X 表示取到黑球的只数,以 Y 表示取到白球的只数,求 X,Y 的联合分布律.

4. 连抛两次硬币,令随机变量 X 表示出现正面次数,随机变量 Y 表示出现反面的次数,求 (X,Y) 的分布律及 $P\{X\leqslant 2,Y\leqslant 1\}$.

5. 甲乙两人独立地各进行 2 次射击,假设甲的命中率为 0.2,乙的命中率为 0.5,以 X 和 Y 分别表示甲乙的命中次数,求 (X,Y) 的分布律.

6. 设随机变量 (X,Y) 概率密度为 $f(x,y)=\begin{cases}kx, & 0\leqslant x\leqslant y\leqslant 1,\\ 0, & \text{其他}.\end{cases}$ (1) 确定常数 k;(2) 求 $P\{X+Y<1\}$.

7. 设随机变量 (X,Y) 概率密度为 $f(x,y)=\begin{cases}x^{-2}y^{-2}, & x>1,y>1,\\ 0, & \text{其他}.\end{cases}$ 求 (X,Y) 的分布函数.

8. 设随机变量 (X,Y) 概率密度为 $f(x,y)=\begin{cases}A(x+y), & 0<x<2,0<y<2,\\ 0, & \text{其他}.\end{cases}$ (1) 确定常数 A;(2) 求 $P\{X<1,Y<1\}$;(3) 求 $P\{X+Y<3\}$.

9. 设随机变量 (X,Y) 概率密度为 $f(x,y)=\begin{cases}Ae^{-(x+2y)}, & x>0,y>0,\\ 0, & \text{其他}.\end{cases}$ (1) 确定常数 A;(2) 求 (X,Y) 的分布函数;(3) 求 $P\{0<X\leqslant 1,0<Y\leqslant 2\}$.

10. 求第 2 题的二维离散型随机向量 (X,Y) 关于 X 和关于 Y 的边缘概率分布律.

11. 现有 1,2,3 三个整数,X 表示从这三个数字中随机抽取的一个整数,$Y=K$ 表示从 1 至 X 中随机抽取的一个整数,试求 (X,Y) 的分布律与边缘分布律.

12. 设二维随机变量 (X,Y) 的概率密度为

$$f(x,y)=\begin{cases}4.8y(2-x) & 0\leqslant x\leqslant 1,0\leqslant y\leqslant x,\\ 0, & \text{其他}.\end{cases}$$

求边缘概率密度.

13. 设二维随机变量 (X,Y) 的概率密度为 $f(x,y)=\begin{cases}cx^2y, & x^2\leqslant y\leqslant 1,\\ 0, & \text{其他}.\end{cases}$ (1) 试确定常数 c. (2) 求边缘概率密度.

14. 设二维随机变量 (X,Y) 的概率密度为 $f(x,y)=\begin{cases}6, & x^2\leqslant y\leqslant x,\\ 0, & \text{其他}.\end{cases}$ 求边缘概率密度.

15. 设二维随机变量 (X,Y) 的联合分布律为

X \ Y	1	2	3
1	$\frac{1}{15}$	$\frac{2}{15}$	$\frac{1}{5}$
2	$\frac{1}{10}$	$\frac{1}{5}$	$\frac{3}{10}$

求：在 $X=1$ 条件下随机变量 Y 的条件分布律.

16. 设二维随机变量 (X,Y) 的联合分布律为

X \ Y	1	2	3
0	0.09	0.21	0.24
1	0.07	0.12	0.27

求：$P\{Y=2|X=1\}$.

17. 对于二维随机变量 (X,Y)，当 $0<y<1$ 时，在条件 $\{Y=y\}$ 下，X 的条件概率密度为

$$f_{X|Y}(x|y)=\begin{cases}\dfrac{3x^2}{y^3}, & 0<x<y,\\ 0, & \text{其他}.\end{cases}$$

随机变量 Y 的边缘概率密度为

$$f_Y(y)=\begin{cases}5y^4, & 0<y<1,\\ 0, & \text{其他}.\end{cases}$$

求边缘概率密度 $f_X(x)$ 和条件概率密度 $f_{Y|X}(y|x)$.

18. 设二维随机变量 (X,Y) 的联合密度函数为

$$f(x,y)=\begin{cases}1, & |y|<x, 0<x<1,\\ 0, & \text{其他}.\end{cases}$$

求条件概率密度 $f_{Y|X}(y|x), f_{X|Y}(x|y)$.

19. 设随机变量 (X,Y) 的分布律为

X \ Y	1	2
1	$\frac{1}{9}$	$\frac{2}{9}$
2	$\frac{1}{6}$	$\frac{1}{3}$
3	$\frac{1}{18}$	$\frac{1}{9}$

求：(1) (X,Y) 的边缘分布律；(2) 判断 X,Y 是否独立，说明理由.

20. 设 (X,Y) 的分布律为

X \ Y	-1	3	5
-1	$\frac{1}{15}$	q	$\frac{1}{5}$
1	p	$\frac{1}{5}$	$\frac{3}{10}$

问 p,q 为何值时,X,Y 相互独立?

21. 若设 (X,Y) 的概率密度为

$$f(x,y)=\begin{cases} x+y, & 0\leqslant x\leqslant 1,0\leqslant y\leqslant 1,\\ 0, & \text{其他}.\end{cases}$$

求 (1)边缘概率密度;(2)问 X,Y 是否独立?说明理由.

22. 设随机变量 (X,Y) 在区域 $G=\{(x,y)\mid 0<x<1,0<y<2x\}$ 上服从均匀分布,求(1)(X,Y) 的概率密度;(2)(X,Y) 关于 X,Y 的边缘概率密度;(3)判断 X,Y 是否独立?

23. 设 (X,Y) 的联合分布律为

X \ Y	-1	0	1
-1	0.1	0.2	0.05
1	0.2	0.3	0.15

求(1)$Z=X+Y$ 的分布律;(2)$W=X\cdot Y$ 的分布律;(3)$M=\max(X,Y)$ 的分布律;(4)$N=\min(X,Y)$ 的分布律.

24. 设二维随机变量 (X,Y) 在区域 $D=\{(x,y)\mid x\geqslant 0,y\geqslant 0,x+y\leqslant 1\}$ 上服从均匀分布.求(1)(X,Y) 关于 X 的边缘概率密度;(2)$Z=X+Y$ 的概率密度.

25. 设某种型号的电子管的寿命(以小时计)近似地服从 $N\sim(160,20^2)$ 分布,随机地选取 4 只,求其中没有一只寿命小于 180 小时的概率.

26. 设一电路由 3 个独立工作的电阻器串联而成,每个电阻器的电阻(以 Ω 计)均服从 $N\sim(6,0.3^2)$,求电路的总电阻超过 19 的概率.

27. 设 X,Y 是两个相互独立的随机变量,都服从 $(0,1)$ 上服从均匀分布,求 $Z=X+Y$ 的概率密度.

28. 设 X,Y 是两个相互独立的随机变量,X 在 $(0,1)$ 上服从均匀分布,Y 的概率密度

$$f_Y(y)=\begin{cases} \frac{1}{2}e^{-y/2}, & y>0,\\ 0, & y\leqslant 0,\end{cases}$$

求(1)X 和 Y 的联合密度;(2)设含有 a 的二次方程为 $a^2+2Xa+Y=0$,试求有实根的概率.

29. 两台相同的自动记录仪,每台无故障工作时间服从参数为 $\theta=\frac{1}{5}$ 的指数分布,首先开

动其中一台,当其发生故障时停用而另一台自行开动,试求两台记录仪无故障工作的总时间 T 的概率密度函数 $f(t)$.

30. 设 X,Y 是两个相互独立的随机变量,且它们得概率密度为

$$f_X(x)=\begin{cases}1, & 0\leqslant x\leqslant 1,\\ 0, & \text{其他},\end{cases} \quad f_Y(y)=\begin{cases}e^{-y}, & y>0,\\ 0, & \text{其他}.\end{cases}$$

求 $M=\max(X,Y)$ 的概率密度;$N=\min(X,Y)$ 的概率密度.

第 4 章 随机变量的数字特征

从前面的讨论中知道,随机变量的分布函数、分布律和概率密度全面描述了随机变量的统计规律性.但是,要求出随机变量的分布函数有时并不容易,同时在许多实际问题中,我们只对描述随机变量某一方面的指标感兴趣.举例来说,要比较两个班级学生的学习情况,如果仅考察某次考试的成绩分布,有高有低、参差不齐,难以看出哪个班的学生成绩更好一些.通常是比较平均成绩以及该班每个学生的成绩与平均成绩的偏离程度,一般总是认为平均成绩高、偏离程度小的班级当然学习情况好些.这种"平均成绩"、"偏离程度"显然不是对考试成绩这个随机变量的全面描述,但它们确实反映了考试成绩这个随机变量的某些特征.这些数字特征无论在理论上,还是在实践上都具有重要意义.

本章将介绍随机变量的几个常用的数字特征:**数学期望、方差、协方差和相关系数**等.

4.1 数 学 期 望

4.1.1 随机变量的数学期望

先举个简单的例子.

进行掷骰子游戏,规定掷出 1 点得 1 分,掷出 2 点或 3 点得 2 分,,掷出 4 点或 5 点或 6 点得 4 分.投掷一次所得的分数 X 是一个随机变量,设 X 的分布律为

X	$x_1=1$	$x_2=2$	$x_3=4$
p_k	$\frac{1}{6}$	$\frac{2}{6}$	$\frac{3}{6}$

问预期平均投掷一次得多少分?

若共掷 N 次,其中得 1 分的共 n_1 次,得 2 分的共 n_2 次,得 4 分的共 n_3 次,所以 $n_1+n_2+n_3=N$,于是平均投掷一次得分为

$$\frac{n_1 x_1 + n_2 x_2 + n_3 x_3}{N} = \sum_{k=1}^{3} x_k \frac{n_k}{N}.$$

然而这个数事先并不知道,要等游戏结束时才知道.这里 n_k/N 是事件 $\{X=x_k\}$ 发生的频率.在第 5 章中将会讲到,当 N 很大时,n_k/N 接近于事件 $\{X=x_k\}$ 的概率,于是当 N 很大时,随机变量 X 的观察值的算术平均 $\sum_{k=1}^{3} x_k \frac{n_k}{N}$ 接近于 $\sum_{k=1}^{3} x_k p_k$.

$$\sum_{k=1}^{3} x_k p_k = 1 \times \frac{1}{6} + 2 \times \frac{2}{6} + 4 \times \frac{3}{6} = \frac{17}{6}.$$

这就表明,投掷者可以预期在投掷的次数 N 很大时,平均投掷一次能得 17/6 分左右.

这样得到的平均值才是理论上的(也是真正意义上的)平均值,它不会随试验的变化而变化.这种平均值,称为随机变量的数学期望或简称为期望(均值).一般地,有如下定义.

定义 4.1 设离散型随机变量 X 的分布律为

$$P\{X=x_k\}=p_k, \quad k=1,2,\cdots.$$

若级数 $\sum_{k=1}^{\infty} x_k p_k$ 绝对收敛,则称该级数的和为随机变量 X 的**数学期望**,记为 $E(X)$ 或 EX,即

$$E(X)=\sum_{k=1}^{\infty} x_k p_k. \tag{4.1.1}$$

设连续型随机变量 X 的概率密度为 $f(x)$,若 $\int_{-\infty}^{+\infty} x f(x)\,\mathrm{d}x$ 绝对收敛,则称此积分值为随机变量 X 的**数学期望**,记为 $E(X)$,即

$$E(X)=\int_{-\infty}^{+\infty} x f(x)\,\mathrm{d}x. \tag{4.1.2}$$

注:(1) 数学期望又简称期望或均值,它反映了随机变量 X 取值的集中位置.

(2) 级数的绝对收敛保证了级数的和不随级数各项次序的改变而改变,因为随机变量的平均值稳定在多少应当与随机变量取值的先后次序无关.

例1 甲乙两人进行打靶,所得分数分别记为 X,Y,其分布律如下,

X	0	1	2
p	0	0.2	0.8

Y	0	1	2
p	0.1	0.8	0.1

试比较两人成绩的好坏.

解 因为

$$E(X)=0\times 0+1\times 0.2+2\times 0.8=1.8(\text{分});$$
$$E(Y)=0\times 0.1+1\times 0.8+2\times 0.1=1(\text{分}).$$

这意味着,如果进行多次射击,甲所得分数的平均值接近于 1.8 分,而乙得分的平均值接近 1 分,很明显乙的成绩远不如甲.

例2 已知某电子元件的寿命 X 服从参数为 $\theta=500$ 的指数分布(单位:小时),求这类电子元件的平均寿命 $E(X)$.

解 随机变量 X 服从参数为 θ 的指数分布,其概率密度为

$$f(x)=\begin{cases} \dfrac{1}{\theta}\mathrm{e}^{-x/\theta}, & x>0, \\ 0, & x\leqslant 0. \end{cases}$$

所以

$$E(X)=\int_{-\infty}^{+\infty} x f(x)\,\mathrm{d}x=\int_{0}^{+\infty} x\frac{1}{\theta}\mathrm{e}^{-x/\theta}\,\mathrm{d}x=-\int_{0}^{+\infty} x\,\mathrm{d}\mathrm{e}^{-x/\theta}$$
$$=-x\mathrm{e}^{-x/\theta}\Big|_{0}^{+\infty}+\int_{0}^{+\infty}\mathrm{e}^{-x/\theta}\,\mathrm{d}x=0-\theta\mathrm{e}^{-x/\theta}\Big|_{0}^{+\infty}=\theta.$$

此时 $\theta=500$,所以这类电子元件的平均寿命 $E(X)=500$(小时).

例3 设随机变量 X 的概率密度为

$$f(x)=\begin{cases} \dfrac{k}{\sqrt{1-x^2}}, & |x|<1, \\ 0, & |x|\geqslant 1, \end{cases}$$

试求:(1) 系数 k;(2) $E(X)$.

解 (1) 由概率密度的性质知 $\int_{-\infty}^{+\infty} f(x)\,\mathrm{d}x=1$,从而

$$\int_{-\infty}^{+\infty} f(x)\mathrm{d}x = \int_{-\infty}^{-1} 0\mathrm{d}x + \int_{-1}^{1} \frac{k}{\sqrt{1-x^2}}\mathrm{d}x + \int_{1}^{+\infty} 0\mathrm{d}x$$
$$= k\arcsin x \Big|_{-1}^{1} = k\pi = 1,$$

得 $k = 1/\pi$.

(2) $E(X) = \int_{-\infty}^{+\infty} xf(x)\mathrm{d}x = \int_{-1}^{1} \frac{x}{\pi \sqrt{1-x^2}}\mathrm{d}x = 0.$

4.1.2 随机变量函数的数学期望

对于随机变量 X,它的函数 $Y=g(X)$ 仍然是一个随机变量. 先求出 Y 的分布,则 Y 的数学期望就可按数学期望的定义 $E[g(X)]$ 计算. 但是,求 Y 的分布一般是比较烦琐的,而直接利用随机变量 X 的分布求 Y 的数学期望,对简化计算显然是非常有利的,下面给出两个重要的定理.

定理 4.1 设 Y 是随机变量 X 的函数,$Y=g(X)$(g 是连续函数).

(1) 设 X 是离散型随机变量,其分布律为
$$P\{X=x_k\}=p_k, \quad k=1,2,\cdots,$$

且 $\sum_{k=1}^{\infty} g(x_k)p_k$ 绝对收敛,则

$$E(Y) = E[g(X)] = \sum_{k=1}^{\infty} g(x_k)p_k. \tag{4.1.3}$$

(2) 设随机变量 X 是连续型随机变量,其概率密度为 $f(x)$,若 $\int_{-\infty}^{+\infty} f(x)g(x)\mathrm{d}x$ 绝对收敛,则

$$E(Y) = E[g(X)] = \int_{-\infty}^{+\infty} f(x)g(x)\mathrm{d}x. \tag{4.1.4}$$

对于二维随机变量 (X,Y) 的函数,同样有如下定理.

定理 4.2 设 Z 是二维随机向量 (X,Y) 的函数,即 $Z=g(X,Y)$(g 是二元连续函数).

(1) 若二维离散型随机变量 (X,Y) 的联合分布律为
$$P\{X=x_i, Y=y_j\}=p_{ij}, \quad i,j=1,2,\cdots,$$

则

$$E(Z) = E[g(x,y)] = \sum_{j=1}^{\infty}\sum_{i=1}^{\infty} g(x_i,y_j)p_{ij}. \tag{4.1.5}$$

这里设上式右端级数绝对收敛.

(2) 若二维连续型随机变量 (X,Y) 的联合概率密度为 $f(x,y)$,则

$$E(Z) = E[g(x,y)] = \int_{-\infty}^{+\infty}\int_{-\infty}^{+\infty} f(x,y)g(x,y)\mathrm{d}x\mathrm{d}y. \tag{4.1.6}$$

这里设上式右端积分绝对收敛.

例 4 设随机变量 X 的概率密度为
$$f(x) = \begin{cases} \mathrm{e}^{-x}, & x > 0, \\ 0, & x \leqslant 0. \end{cases}$$

求 (1) $Y=2X$;(2) $Y=\mathrm{e}^{-2x}$ 的数学期望.

解 (1) 由 (4.1.4) 式知

$$E(Y) = \int_{-\infty}^{+\infty} 2xf(x)\mathrm{d}x = \int_0^{+\infty} 2x\mathrm{e}^{-x}\mathrm{d}x$$
$$= \left[-2x\mathrm{e}^{-x} - 2\mathrm{e}^{-x}\right]_0^{+\infty} = 2.$$

(2)
$$E(Y) = \int_{-\infty}^{+\infty} \mathrm{e}^{-2x}f(x)\mathrm{d}x = \int_0^{+\infty} \mathrm{e}^{-2x}\mathrm{e}^{-x}\mathrm{d}x$$
$$= -\frac{1}{3}\left[\mathrm{e}^{-3x}\right]_0^{+\infty} = \frac{1}{3}.$$

例 5 设随机变量 X 的分布律为

X	0	1	2
p_k	$\frac{1}{2}$	$\frac{1}{4}$	$\frac{1}{4}$

试求 $E(X), E(X^2), E(3X+1)^2$.

解
$$E(X) = 0 \times \frac{1}{2} + 1 \times \frac{1}{4} + 2 \times \frac{1}{4} = \frac{3}{4},$$
$$E(X^2) = 0^2 \times \frac{1}{2} + 1^2 \times \frac{1}{4} + 2^2 \times \frac{1}{4} = \frac{5}{4},$$
$$E(3X+1)^2 = (3 \times 0 + 1)^2 \times \frac{1}{2} + (3 \times 1 + 1)^2 \times \frac{1}{4} + (3 \times 2 + 1)^2 \times \frac{1}{4}$$
$$= \frac{67}{4}.$$

例 6 某车间生产的圆盘直径 X 在区间 (a,b) 上服从均匀分布,具有概率密度
$$f(x) = \begin{cases} \dfrac{1}{b-a}, & a < x < b, \\ 0, & \text{其他}. \end{cases}$$
试求圆盘面积 Y 的数学期望.

解 由于圆盘面积 $Y = \pi\left(\dfrac{X}{2}\right)^2 = \dfrac{\pi X^2}{4}$,所以
$$E(Y) = \int_{-\infty}^{+\infty} \frac{\pi x^2}{4}f(x)\mathrm{d}x = \int_a^b \frac{\pi x^2}{4(b-a)}\mathrm{d}x$$
$$= \frac{\pi(a^2 + b^2 + ab)}{12}.$$

例 7 设二维随机变量 (X,Y) 的联合分布律为

X \ Y	0	1	2
0	$\frac{4}{16}$	$\frac{2}{16}$	$\frac{1}{16}$
1	$\frac{4}{16}$	$\frac{2}{16}$	0
2	$\frac{1}{16}$	0	0

试求：(1) $E(X+Y)$，(2) $E\{\max(X,Y)\}$.

解 (1) 由(4.1.5)式知

$$E(X+Y) = \sum_{j=1}^{3}\sum_{i=1}^{3}(x_i+y_j)p_{ij}$$
$$=(0+0)\times\frac{4}{16}+(0+1)\times\frac{2}{16}+(0+2)\times\frac{1}{16}+(1+0)\times\frac{4}{16}$$
$$+(1+1)\times\frac{2}{16}+(1+2)\times 0+(2+0)\times\frac{1}{16}+(2+1)\times 0+(2+2)\times 0$$
$$=1.$$

(2)
$$E\{\max(X,Y)\} = \sum_{j=1}^{3}\sum_{i=1}^{3}\max(x_i,y_j)p_{ij}$$
$$=0\times\frac{4}{16}+1\times\frac{2}{16}+2\times\frac{1}{16}+1\times\frac{4}{16}$$
$$+1\times\frac{2}{16}+2\times 0+2\times\frac{1}{16}+2\times 0+2\times 0$$
$$=\frac{3}{4}.$$

例 8 设二维随机变量(X,Y)的概率密度为

$$f(x,y)=\begin{cases}2, & 0\leqslant x\leqslant 1, 0\leqslant y\leqslant x,\\ 0, & 其他.\end{cases}$$

求：(1) $E(X+Y)$；(2) $E(Y)$.

解 (1) 由(4.1.6)式知

$$E(X+Y) = \int_{-\infty}^{+\infty}\int_{-\infty}^{+\infty}(x+y)f(x,y)\mathrm{d}x\mathrm{d}y$$
$$=\int_0^1 \mathrm{d}x\int_0^x 2(x+y)\mathrm{d}y = 2\int_0^1\frac{3x^2}{2}\mathrm{d}x = 1;$$

(2) $E(Y) = \int_{-\infty}^{+\infty}\int_{-\infty}^{+\infty}yf(x,y)\mathrm{d}x\mathrm{d}y$
$$=\int_0^1\mathrm{d}x\int_0^x 2y\mathrm{d}y = \frac{1}{3}.$$

4.1.3 随机变量数学期望的性质

下面讨论随机变量的数学期望的性质(以下设遇到的随机变量的数学期望都存在，且只对连续型随机变量给予证明，对于离散型随机变量的情形，读者可自行验证)．

性质 1 设 C 为常数，则 $E(C)=C$.

性质 2 设 C 为常数，X 是随机变量，则有
$$E(CX)=CE(X).$$

证 设 X 的概率密度为 $f(x)$，则

$$E(CX) = \int_{-\infty}^{+\infty}Cxf(x)\mathrm{d}x = C\int_{-\infty}^{+\infty}xf(x)\mathrm{d}x = CE(X).$$

性质 3 设 X,Y 是两个任意的随机变量，则有

$$E(X+Y)=E(X)+E(Y).$$

证 设二维随机变量(X,Y)的概率密度为$f(x,y)$,则由(4.1.6)式得
$$\begin{aligned} E(X+Y) &= \int_{-\infty}^{+\infty}\int_{-\infty}^{+\infty}(x+y)f(x,y)\mathrm{d}x\mathrm{d}y \\ &= \int_{-\infty}^{+\infty}\int_{-\infty}^{+\infty}xf(x,y)\mathrm{d}x\mathrm{d}y + \int_{-\infty}^{+\infty}\int_{-\infty}^{+\infty}yf(x,y)\mathrm{d}x\mathrm{d}y \\ &= E(X)+E(Y). \end{aligned}$$

这一性质可以推广到任意有限个随机变量之和的情况,即若$X_1,X_2,\cdots,X_n$是n个随机变量,则有
$$E\left(\sum_{i=1}^{n}X_i\right)=\sum_{i=1}^{n}E(X_i).$$

性质4 设X,Y是两个相互独立的随机变量,则有
$$E(XY)=E(X)E(Y).$$

证 设二维随机变量(X,Y)的概率密度为$f(x,y)$,其边缘概率密度为$f_X(x),f_Y(y)$. X,Y相互独立,于是$f(x,y)=f_X(x)f_Y(y)$,则由(4.1.6)式得
$$\begin{aligned} E(XY) &= \int_{-\infty}^{+\infty}\int_{-\infty}^{+\infty}xyf(x,y)\mathrm{d}x\mathrm{d}y \\ &= \int_{-\infty}^{+\infty}\int_{-\infty}^{+\infty}xyf_X(x)f_Y(y)\mathrm{d}x\mathrm{d}y \\ &= \left[\int_{-\infty}^{+\infty}xf_X(x)\mathrm{d}x\right]\left[\int_{-\infty}^{+\infty}yf_Y(y)\mathrm{d}y\right]=E(X)E(Y). \end{aligned}$$

这一性质可以推广到任意有限个相互独立的随机变量之积的情况,即若$X_1,X_2,\cdots,X_n$相互独立时,有
$$E(X_1X_2\cdots X_n)=E(X_1)E(X_2)\cdots E(X_n).$$

性质1表明:常数的数学期望等于常数本身,从直观上讲,不论试验结果是什么,这个随机变量的取值总是常数C,所以其理论平均还是常数C.

性质3的逆命题不真,即$E(XY)=E(X)E(Y)$,但X,Y不一定相互独立.

4.1.4 几个常用分布的数学期望

1. (0-1)分布

设随机变量X的分布律为

X	0	1
p	$1-p$	p

其中$0<p<1$,有
$$E(X)=0\times q+1\times p.$$

2. 二项分布

设随机变量X的分布律为
$$P\{X=k\}=C_n^k p^k(1-p)^{n-k}, \quad k=0,1,2,\cdots,n; \quad 0<p<1,$$
n为自然数,则

$$E(X) = \sum_{k=0}^{n} kP\{X=k\} = \sum_{k=0}^{n} k C_n^k p^k (1-p)^{n-k} = \sum_{k=1}^{n} \frac{k \cdot n!}{k!(n-k)!} p^k (1-p)^{n-k}$$

$$= \sum_{k=1}^{n} \frac{n(n-1)!}{(k-1)![(n-1)-(k-1)]!} p \cdot p^{k-1} (1-p)^{(n-1)-(k-1)}$$

$$= np \sum_{k=1}^{n} C_{n-1}^{k-1} p^{k-1} (1-p)^{(n-1)-(k-1)} = np [p+(1-p)]^{n-1} = np.$$

3. 泊松分布

设随机变量 X 的分布律为

$$P\{X=k\} = \frac{\lambda^k e^{-\lambda}}{k!}, \quad \lambda > 0, \quad k=0,1,2,\cdots,$$

则

$$E(X) = \sum_{k=0}^{\infty} k \cdot \frac{\lambda^k e^{-\lambda}}{k!} = \lambda e^{-\lambda} \sum_{k=1}^{\infty} \frac{\lambda^{k-1}}{(k-1)!} \quad (\diamondsuit\ k-1=i)$$

$$= \lambda e^{-\lambda} \sum_{i=0}^{\infty} \frac{\lambda^i}{i!} = \lambda e^{-\lambda} e^{\lambda} = \lambda.$$

4. 均匀分布

设随机变量 X 的概率密度为

$$f(x) = \begin{cases} \dfrac{1}{b-a}, & a \leqslant x \leqslant b, \\ 0, & \text{其他} \end{cases}$$

则

$$E(X) = \int_{-\infty}^{+\infty} xf(x)dx = \int_a^b \frac{x}{b-a} dx = \frac{b+a}{2}.$$

在区间 $[a,b]$ 上服从均匀分布的随机变量的期望是该区间的中点.

5. 指数分布

随机变量 X 服从参数为 θ 的指数分布,其概率密度为

$$f(x) = \begin{cases} \dfrac{1}{\theta} e^{-x/\theta}, & x > 0, \\ 0, & x \leqslant 0. \end{cases}$$

所以,

$$E(X) = \int_{-\infty}^{+\infty} xf(x)dx = \int_0^{+\infty} x \frac{1}{\theta} e^{-x/\theta} dx = -\int_0^{+\infty} x de^{-x/\theta}$$

$$= -xe^{-x/\theta}\Big|_0^{+\infty} + \int_0^{+\infty} e^{-x/\theta} dx = 0 - \theta e^{-x/\theta}\Big|_0^{+\infty} = \theta.$$

6. 正态分布 $N(\mu,\sigma^2)$

设随机变量 X 的概率密度为

$$f(x) = \frac{1}{\sqrt{2\pi}\sigma} e^{-\frac{(x-\mu)^2}{2\sigma^2}}, \quad -\infty < x < +\infty, \quad \sigma > 0,$$

则
$$E(X) = \int_{-\infty}^{+\infty} x \frac{1}{\sqrt{2\pi}\sigma} e^{-\frac{(x-\mu)^2}{2\sigma^2}} dx$$
$$= \int_{-\infty}^{+\infty} \mu \frac{1}{\sqrt{2\pi}\sigma} e^{-\frac{(x-\mu)^2}{2\sigma^2}} dx + \int_{-\infty}^{+\infty} (x-u) \frac{1}{\sqrt{2\pi}\sigma} e^{-\frac{(x-\mu)^2}{2\sigma^2}} dx$$
$$= \mu + \int_{-\infty}^{+\infty} (x-u) \frac{1}{\sqrt{2\pi}\sigma} e^{-\frac{(x-\mu)^2}{2\sigma^2}} dx \quad \left(令\ t = \frac{x-\mu}{\sigma}\right)$$
$$= \mu + \int_{-\infty}^{+\infty} t \frac{\sigma}{\sqrt{2\pi}} e^{-\frac{t^2}{2}} dt = \mu + 0 = \mu.$$

这几个常用分布的数学期望都和参数有关,结论很有规律,上述结论在概率学习中经常用到,必须熟记.

例 9 一工厂生产的某种设备的寿命 X(以年计)服从指数分布,概率密度为 $f(x) = \begin{cases} \frac{1}{4} e^{-\frac{1}{4}x}, & x > 0, \\ 0, & x \leq 0. \end{cases}$ 工厂规定出售的设备若在一年内损坏,可予以调换.若工厂出售一台设备可赢利 100 元,调换一台设备厂方需花费 300 元.试求厂方出售一台设备净赢利的数学期望.

解 一台设备在一年内损坏的概率为
$$P\{X < 1\} = \int_{-\infty}^{1} f(x) dx = \frac{1}{4} \int_{0}^{1} e^{-\frac{1}{4}x} dx = -e^{-\frac{x}{4}} \Big|_{0}^{1} = 1 - e^{-\frac{1}{4}},$$
故 $P\{X \geq 1\} = 1 - P\{X < 1\} = 1 - (1 - e^{-\frac{1}{4}}) = e^{-\frac{1}{4}}.$

设 Y 表示出售一台设备的净赢利,则
$$Y = \begin{cases} (-300 + 100) = -200, & X < 1, \\ 100, & X \geq 1. \end{cases}$$

所以 Y 的分布律为

Y	-200	100
p_k	$1 - e^{-\frac{1}{4}}$	$e^{-\frac{1}{4}}$

于是 Y 的期望为
$$E(Y) = -200 + 200 e^{-\frac{1}{4}} + 100 e^{-\frac{1}{4}}$$
$$= 300 e^{-\frac{1}{4}} - 200 \approx 33.64.$$

所以厂方出售一台设备净赢利的数学期望 33.64 元.

例 10 将 n 只球($1 \sim n$ 号)随机地放进 n 只盒子($1 \sim n$ 号)中去,一只盒子装一只球.将一只球装入与球同号的盒子中,称为一个配对,记 X 为配对的个数,求 $E(X)$.

解 引进随机变量 $X_i = \begin{cases} 1, & 第\ i\ 号盒装第\ i\ 号球, \\ 0, & 第\ i\ 号盒装非\ i\ 号球, \end{cases} i = 1, 2, \cdots, n,$

则 X_i 的分布律为

X_i	0	1
p	$\dfrac{n-1}{n}$	$\dfrac{1}{n}$

$$E(X_i) = 1 \cdot \frac{1}{n} + 0 \cdot \frac{n-1}{n} = \frac{1}{n}, \quad i=1,2,\cdots,n,$$

则所有的球放入与球同号的盒中,即总配对数为 $X = \sum_{i=1}^{n} X_i$.

由数学期望的性质 3 得

$$E(X) = E\left(\sum_{i=1}^{n} X_i\right) = \sum_{i=1}^{n} E(X_i) = n \times \frac{1}{n} = 1, \quad i=1,2,\cdots,n.$$

注 本题是将 X 分解成数个随机变量之和,然后利用随机变量和的数学期望等于随机变量的数学期望之和来求数学期望的,这种处理方法具有一定的普遍意义.

4.2 方 差

4.2.1 方差的概念

数学期望反映了随机变量取值的平均,而在许多实际问题中,仅知道数学期望是不够的,还需要研究随机变量与其均值的偏离程度,如检查一批棉花的质量,不仅需要了解这批棉花的平均纤维长度,还要知道这批棉花的纤维长度与平均纤维长度的偏离程度. 若偏离程度较小,表示质量比较稳定,或者说质量较好. 容易看到 $E\{|X-E(X)|\}$ 能度量随机变量与其均值 $E(X)$ 的偏离程度. 但由于上式带有绝对值,运算不方便,通常用量 $E\{[X-E(X)]^2\}$ 来度量随机变量 X 与其均值 $E(X)$ 的偏离程度.

定义 4.2 设 X 是随机变量,若 $E\{[X-E(X)]^2\}$ 存在,则称 $E\{[X-E(X)]^2\}$ 为 X 的方差,记作 $D(X)$,即

$$D(X) = E\{[X-E(X)]^2\}. \tag{4.2.1}$$

称 $\sqrt{D(X)}$ 为随机变量 X 的标准差或均方差.

按定义,当随机变量的取值相对集中在期望附近时,方差较小;取值相对分散时,方差较大. 因此 $D(X)$ 是刻画随机变量取值离散程度的一个数量指标.

方差 $D(X)$ 是随机变量 X 的函数 $[X-E(X)]^2$ 的数学期望,若 X 是离散型随机变量,分布律为

$$P\{X=x_k\} = p_k, \quad k=1,2,\cdots,$$

则

$$D(X) = \sum_{k=1}^{\infty} [x_k - E(X)]^2 p_k. \tag{4.2.2}$$

若 X 是连续型随机变量,概率密度为 $f(x)$,则

$$D(X) = \int_{-\infty}^{+\infty} [x - E(X)]^2 f(x) \mathrm{d}x. \tag{4.2.3}$$

随机变量 X 的方差还可按下列公式计算:

$$D(X) = E(X^2) - [E(X)]^2. \tag{4.2.4}$$

事实上,由随机变量数学期望的性质得

$$D(X) = E[X-E(X)]^2 = E\{X^2 - 2XE(X) + [E(X)]^2\}$$
$$= E(X^2) - 2E(X) \cdot E(X) + [E(X)]^2 = E(X^2) - [E(X)]^2.$$

例 1 设甲乙两家灯泡厂生产的灯泡的寿命(单位:小时) X 和 Y 的分布律分别为

X	900	1000	1100
p_i	0.1	0.8	0.1

Y	950	1000	1050
p_i	0.3	0.4	0.3

试问哪家工厂生产的灯泡质量较好？

解 $E(X) = 900 \times 0.1 + 1000 \times 0.8 + 1100 \times 0.1 = 1000$，
$$E(Y) = 950 \times 0.3 + 1000 \times 0.4 + 1050 \times 0.3 = 1000,$$
甲乙两厂生产的灯泡的寿命均值都为 1000 小时，又
$$D(X) = (900-1000)^2 \times 0.1 + (1000-1000)^2 \times 0.8 + (1100-1000)^2 \times 0.1 = 2000,$$
$$D(Y) = (950-1000)^2 \times 0.3 + (1000-1000)^2 \times 0.4 + (1050-1000)^2 \times 0.3 = 1500,$$
显然 $D(X) > D(Y)$，由此可见，甲厂产品的寿命偏离均值的程度远大于乙厂，从产品稳定程度看，乙厂生产的产品寿命稳定，乙厂生产的灯泡质量要优于甲厂．

例2 设随机变量 X 具有概率密度 $f(x) = \begin{cases} 1+x, & -1 \leqslant x < 0, \\ 1-x, & 0 \leqslant x < 1, \\ 0, & \text{其他}. \end{cases}$ 试求 $D(X)$.

解 $E(X) = \int_{-\infty}^{+\infty} x f(x) dx = \int_{-1}^{0} x(1+x) dx + \int_{0}^{1} x(1-x) dx = 0$,
$$E(X^2) = \int_{-\infty}^{+\infty} x^2 f(x) dx = \int_{-1}^{0} x^2(1+x) dx + \int_{0}^{1} x^2(1-x) dx = \frac{1}{6},$$
$$D(X) = E(X^2) - [E(X)]^2 = \frac{1}{6}.$$

4.2.2 方差的性质

性质1 设 C 为常数则，$D(C) = 0$；

证 $D(C) = E(C-E(C))^2 = E(C-C)^2 = 0.$

性质2 设 C 为常数，X 是随机变量，则
$$D(CX) = C^2 D(X); \quad D(X+C) = D(X).$$

证 $D(CX) = E[CX - E(CX)]^2 = E[C^2(X-EX)^2]$
$\qquad = C^2 E[(X-EX)^2] = C^2 D(X).$
$D(X+C) = E[(X+C) - E(X+C)]^2 = E(X-EX)^2 = D(X).$

性质3 设 X, Y 为相互独立的随机变量，则 $D(X \pm Y) = D(X) + D(Y).$

证 $D(X+Y) = E\{[(X+Y) - E(X+Y)]^2\}$
$\qquad = E\{[(X-E(X)) + (Y-E(Y))]^2\}$
$\qquad = E[X-E(X)]^2 + E[Y-E(Y)]^2 + 2E[(X-E(X))(Y-E(Y))].$
$$\tag{4.2.5}$$

上式最后一项
$$E\{[X-E(X)][Y-E(Y)]\} = E[XY - XE(Y) - YE(X) + E(X)E(Y)]$$
$$= E(XY) - E(X)E(Y) - E(Y)E(X) + E(X)E(Y)$$
$$= E(XY) - E(X)E(Y),$$
因为 X, Y 为相互独立的随机变量，$E(XY) = E(X)E(Y)$，从而
$$D(X+Y) = E[(X-EX)^2] + E[(Y-EY)^2] = D(X) + D(Y).$$

同理可证
$$D(X-Y)=D(X)+D(Y)-2E[(X-E(X))(Y-E(Y))].$$
若 X,Y 为相互独立,则
$$D(X-Y)=D(X)+D(Y).$$
这性质可推广到任意有限多个相互独立的随机变量之和的情况.

例 3 设随机变量 X 服从二项分布 $X\sim B(n,p)$,求 $E(X),D(X)$.

解 由二项分布的定义知,随机变量 X 是 n 重伯努利试验中,事件 A 发生的次数,且在每次实验中 A 发生的概率为 p,引入随机变量
$$X_k=\begin{cases}1, & A\text{ 在第 }k\text{ 次试验中发生},\\ 0, & A\text{ 在第 }k\text{ 次试验中不发生},\end{cases} k=1,2,\cdots,n.$$
易知
$$X=X_1+X_2+\cdots+X_n.$$
由于 X_k 只依赖于第 k 次试验,而各次试验相互独立,于是 $X_1,X_2,\cdots,X_n$ 是相互独立的,又知 X_k 服从 $(0-1)$ 分布,其分布律为

X_k	0	1
p_k	$1-p$	p

$k=1,2,\cdots,n.$

先求 $(0-1)$ 分布的数学期望和方差,
$$E(X_k)=1\cdot p+0\cdot(1-p)=p,$$
$$E(X_k^2)=1^2\cdot p+0^2\cdot(1-p)=p,$$
$$D(X_k)=E(X_k^2)-[E(X_k)]^2=p-p^2=p(1-p)=pq.$$
由期望的性质得
$$E(X)=E(X_1)+E(X_2)+\cdots+E(X_n)=np.$$
又由于 $X_1,X_2,\cdots,X_n$ 相互独立,由方差的性质得
$$D(X)=D(X_1)+D(X_2)+\cdots+D(X_n)=npq.$$
因此,二项分布的期望为 np,二项分布的方差为 npq.

4.2.3 几个常用分布的方差

1. (0-1) 分布

设 X 服从 $(0-1)$ 分布,则 $D(X)=pq$.
因为 $E(X)=p$,
$$E(X^2)=0^2\times(1-p)+1^2\times p=p,$$
$$D(X)=E(X^2)-[E(X)]^2=p-p^2=pq.$$

2. 二项分布

设 X 是服从参数为 n,p 的二项分布,由本节的例 3 得:$D(X)=np(1-p)=npq$.

3. 泊松分布

设随机变量 X 的分布律为

$$P\{X=k\}=\frac{\lambda^k e^{-\lambda}}{k!}, \quad \lambda>0, \quad k=0,1,2,\cdots,$$

因为 $E(X)=\lambda$,

$$\begin{aligned}E(X^2)&=E[X(X-1)+X]=E[X(X-1)]+E(X)\\&=\sum_{k=0}^{\infty}k(k-1)\cdot\frac{\lambda^k e^{-\lambda}}{k!}+\lambda\\&=\lambda^2 e^{-\lambda}\sum_{k=2}^{\infty}\frac{\lambda^{k-2}}{(k-2)!}+\lambda=\lambda^2 e^{-\lambda}e^{\lambda}+\lambda\\&=\lambda^2+\lambda.\end{aligned}$$

$$D(X)=E(X^2)-[E(X)]^2=\lambda^2+\lambda-\lambda^2=\lambda,$$

即泊松分布变量的数学期望与方差都等于参数 λ.

4. 均匀分布

设随机变量 X 的概率密度为

$$f(x)=\begin{cases}\dfrac{1}{b-a}, & a\leqslant x\leqslant b,\\ 0, & \text{其他}.\end{cases}$$

因为 $E(X)=\dfrac{b+a}{2}$,且

$$E(X^2)=\int_{-\infty}^{+\infty}x^2 f(x)\mathrm{d}x=\int_a^b\frac{x^2}{b-a}\mathrm{d}x=\frac{a^2+b^2+ab}{3},$$

$$D(X)=E(X^2)-[E(X)]^2=\frac{(b-a)^2}{12}.$$

5. 指数分布

随机变量 X 服从参数为 θ 的指数分布,其概率密度为

$$f(x)=\begin{cases}\dfrac{1}{\theta}e^{-x/\theta}, & x>0,\\ 0, & x\leqslant 0.\end{cases}$$

因为 $E(X)=\theta$,

$$\begin{aligned}E(X^2)&=\int_{-\infty}^{+\infty}x^2 f(x)\mathrm{d}x=\int_0^{+\infty}x^2\frac{1}{\theta}e^{-x/\theta}\mathrm{d}x=-\int_0^{+\infty}x^2\mathrm{d}e^{-x/\theta}\\&=-x^2 e^{-x/\theta}\Big|_0^{+\infty}+2\int_0^{+\infty}xe^{-x/\theta}\mathrm{d}x=2\theta^2.\end{aligned}$$

$$D(X)=E(X^2)-[E(X)]^2=2\theta^2-\theta^2=\theta^2.$$

6. 正态分布 $N(\mu,\sigma^2)$

设随机变量 X 的概率密度为

$$f(x) = \frac{1}{\sqrt{2\pi}\sigma} e^{-\frac{(x-\mu)^2}{2\sigma^2}}, \quad -\infty < x < +\infty, \quad \sigma > 0,$$

因为 $E(X) = \mu$,

$$D(X) = E[X - E(X)]^2 = E[(X-\mu)^2] = \int_{-\infty}^{+\infty} (x-\mu)^2 \cdot \frac{1}{\sqrt{2\pi}\sigma} e^{-\frac{(x-\mu)^2}{2\sigma^2}} dx \quad \left(\text{令 } t = \frac{x-\mu}{\sigma}\right)$$

$$= \int_{-\infty}^{+\infty} \frac{\sigma^2}{\sqrt{2\pi}} t^2 e^{-\frac{t^2}{2}} dt = -\int_{-\infty}^{+\infty} \frac{\sigma^2 t}{\sqrt{2\pi}} d\left(e^{-\frac{t^2}{2}}\right)$$

$$= -\frac{\sigma^2}{\sqrt{2\pi}} \left(t e^{-\frac{t^2}{2}}\right)\Big|_{-\infty}^{+\infty} + \int_{-\infty}^{+\infty} \frac{\sigma^2}{\sqrt{2\pi}} e^{-\frac{t^2}{2}} dt$$

$$= 0 + \sigma^2 \int_{-\infty}^{+\infty} \frac{1}{\sqrt{2\pi}} e^{-\frac{t^2}{2}} dt = \sigma^2.$$

最后一个等式用到概率密度的性质 $\int_{-\infty}^{+\infty} f(x)dx = 1$.

由此可见,正态分布 $N(\mu,\sigma^2)$ 的两个参数是正态分布的期望和方差,因而,正态分布完全可由它的数学期望和方差所确定.

由 3.3 节可知,n 个独立正态随机变量的线性组合仍服从正态分布,若 $X_1, X_2, \cdots, X_n$ 是相互独立的随机变量,$X_i \sim N(\mu_i, \sigma_i^2), i=1,2,\cdots,n$,有

$$X = a_1 X_1 + a_2 X_2 + \cdots + a_n X_n \sim N\left(\sum_{i=1}^{n} a_i \mu_i, \sum_{i=1}^{n} a_i^2 \sigma_i^2\right).$$

例 4 一架小飞机可载客 12 人,其载重为 750kg,设人的体重(kg)服从正态分布 $N(51, 10^2)$,求飞机超载的概率.

解 设第 i 个人的体重为 $X_i, i=1,2,\cdots,12$,由题意,$X_i \sim N(51, 10^2)$,且 $X_1, X_2, \cdots, X_n$ 是相互独立的,所以乘客的总重

$$\sum_{i=1}^{12} X_i \sim N(51 \times 12, 10^2 \times 12),$$

故飞机超载的概率为

$$P\left\{\sum_{i=1}^{12} X_i > 750\right\} = 1 - \Phi\left(\frac{750 - 51 \times 12}{\sqrt{10^2 \times 12}}\right) = 1 - \Phi(3.98) = 0.$$

例 5 已知 X, Y 独立,且都服从 $N(0, 0.5)$,求 $E(|X-Y|)$.

解 由于 $X \sim N(0, 0.5), Y \sim N(0, 0.5)$,且 X, Y 独立,$X-Y$ 也服从正态分布,

$$E(X-Y) = E(X) - E(Y) = 0,$$
$$D(X-Y) = D(X) + D(Y) = 0.5 + 0.5 = 1.$$

因此 $Z = X - Y \sim N(0, 1)$,于是

$$E(|X-Y|) = E(|Z|) = \int_{-\infty}^{+\infty} |z| f(z) dz$$

$$= \int_{-\infty}^{+\infty} |z| \frac{1}{\sqrt{2\pi}} e^{-\frac{z^2}{2}} dz$$

$$= \frac{2}{\sqrt{2\pi}} \int_{0}^{+\infty} z e^{-\frac{z^2}{2}} dz = -\frac{2}{\sqrt{2\pi}} e^{-\frac{z^2}{2}}\Big|_{0}^{+\infty} = \sqrt{\frac{2}{\pi}}.$$

下面将几个重要随机变量的分布及数学期望和方差列表如下(表 4.1).

表 4.1　几个重要分布的数学期望和方差

分布	参数	期望	方差
(0-1)分布	$0<p<1$	p	pq
二项分布	$n \geq 10<p<1$	np	npq
泊松分布	$\lambda>0$	λ	λ
均匀分布	$a<b$	$(a+b)/2$	$(b-a)^2/12$
指数分布	$\theta>0$	θ^{-1}	θ^{-2}
正态分布	$\mu, \sigma>0$	μ	σ^2

表 4.1 的结论非常重要,希望读者能够熟记,也应学会应用.

例 6　设随机变量 X,Y 相互独立,X 服从均匀分布 $U[0,6]$,Y 服从正态分布 $N(0,2^2)$,记 $Z=2X-5Y+4$,求 $E(Z),D(Z)$.

解　其中由 4.1 表直接得出
$$E(X)=3, D(X)=3, E(Y)=0, D(Y)=4.$$
$$E(2X-5Y+4)=2E(X)-5E(Y)+4=2\times 3-5\times 0+4=10.$$
$$D(2X-5Y+4)=D(2X-5Y)=2^2 DX+5^2 DY=4\times 3+25\times 4=112.$$

4.3　协方差与相关系数

4.3.1　协方差与相关系数的概念

对于二维随机变量 (X,Y) 来说,数学期望 $E(X),E(Y)$ 仅反映了 X 与 Y 各自的平均值,而方差 $D(X),D(Y)$ 也仅反映了 X 与 Y 各自离开均值的偏离程度,它们没有提供 X 与 Y 之间相互联系的任何信息. 因此,我们希望有一个数字特征能够在一定程度上反映这种联系. 这便是下面要讨论的问题.

如果 X 与 Y 独立,有 $D(X+Y)=D(X)+D(Y)$,那么由 (4.2.5) 式可得
$$D(X+Y)=DX+DY+2E\{(X-EX)(Y-EY)\},$$
其中 $E[(X-EX)(Y-EY)] \neq 0$ 时 X 与 Y 肯定不独立,而是存在着一定的关系.

定义 4.3　设 X,Y 是两个随机变量,若 $E[(X-EX)(Y-EY)]$ 存在,则称
$$\text{Cov}(X,Y)=E[(X-E(X))(Y-E(Y))] \tag{4.3.1}$$
为 X 与 Y 的**协方差**,而
$$\rho_{XY}=\frac{\text{Cov}(X,Y)}{\sqrt{DX}\cdot\sqrt{DY}} \tag{4.3.2}$$
称为随机变量 X 与 Y 的**相关系数**. ρ_{XY} 是一个量纲为一的量.

由定义可知,对于离散型的随机变量 X 与 Y,
$$\text{Cov}(X,Y)=\sum_{i=1}^{\infty}\sum_{j=1}^{\infty}(x_i-E(X))(y_j-E(Y))p_{ij}.$$
而对于二维连续型的随机变量 (X,Y),具有概率密度 $f(x,y)$,
$$\text{Cov}(X,Y)=\int_{-\infty}^{+\infty}\int_{-\infty}^{+\infty}(x-E(X))(y-E(Y))f(x,y)\mathrm{d}y\mathrm{d}x.$$

协方差有下列计算公式:

$$\mathrm{Cov}(X,Y) = E(XY) - E(X)E(Y). \tag{4.3.3}$$

证　$\mathrm{Cov}(X,Y) = E[(X-EX)(Y-EY)]$
$= E[XY - XE(Y) - YE(X) + E(X)E(Y)]$
$= E(XY) - E(X)E(Y) - E(Y)E(X) + E(X)E(Y)$
$= E(XY) - E(X)E(Y).$

4.3.2　协方差与相关系数的性质

1. 随机变量 X, Y 的协方差的性质

性质 1　$D(X+Y) = DX + DY + 2\mathrm{Cov}(X,Y).$

证　由(4.2.5)式得
$D(X) = E[X-E(X)]^2 + E[Y-E(Y)]^2 + 2E[(X-E(X))(Y-E(Y))]$
$= DX + DY + 2\mathrm{Cov}(X,Y).$

性质 2　$\mathrm{Cov}(X,Y) = \mathrm{Cov}(Y,X).$

性质 3　$\mathrm{Cov}(X,X) = D(X).$

性质 4　$\mathrm{Cov}(X,C) = 0.$ C 是常数；

性质 5　$\mathrm{Cov}(aX,bY) = ab\mathrm{Cov}(X,Y).$

性质 6　$\mathrm{Cov}(X+Y,Z) = \mathrm{Cov}(X,Z) + \mathrm{Cov}(Y,Z).$

性质 7　若 X, Y 相互独立,则 $\mathrm{Cov}(X,Y) = 0.$

证　若 X, Y 相互独立, $E(XY) = E(X) \cdot E(Y)$;
$$\mathrm{Cov}(X,Y) = E(XY) - E(X) \cdot E(Y) = 0.$$

下面举几个利用上述协方差性质的例子.

例 1　已知 $D(X)=4, D(Y)=1, \rho_{XY}=0.6$, 求 $\mathrm{Cov}(X,Y), D(3X-2Y).$

解　因为 $\rho_{XY} = \dfrac{\mathrm{Cov}(X,Y)}{\sqrt{DX} \cdot \sqrt{DY}}$,

$\mathrm{Cov}(X,Y) = \rho_{XY}\sqrt{DX} \cdot \sqrt{DY} = 0.6 \times 2 \times 1 = 1.2,$
$D(3X-2Y) = 9D(X) + 4D(Y) + 2\mathrm{Cov}(3X,-2Y)$
$= 9D(X) + 4D(Y) - 12\mathrm{Cov}(X,Y)$
$= 9 \times 4 + 4 \times 1 - 12 \times 1.2 = 25.6.$

例 2　设 X, Y 是随机变量, a, b 是常数, $Y=aX+b, a \neq 0, DX>0$, 求 X, Y 的相关系数.

解　因为
$\mathrm{Cov}(X,Y) = \mathrm{Cov}(X,aX+b)$
$= a\mathrm{Cov}(X,X) + \mathrm{Cov}(X,b) = aD(X) + 0 = aD(X),$
$D(Y) = D(aX+b) = a^2 D(X),$

所以 X, Y 的相关系数为
$$\rho_{XY} = \frac{\mathrm{Cov}(X,Y)}{\sqrt{D(X)} \cdot \sqrt{D(Y)}} = \frac{aD(X)}{\sqrt{D(X)} \cdot \sqrt{D(Y)}} = \frac{a}{|a|} = \begin{cases} 1, & a>0, \\ -1, & a<0. \end{cases}$$

此例说明,如果 X 与 Y 成直线关系,即 $Y=aX+b$, 则相关系数 $\rho_{XY} = \pm 1.$

2. 随机变量 X, Y 的相关系数的性质

性质 1　$|\rho_{XY}| \leqslant 1.$

性质 2 $|\rho_{XY}|=1$ 的充要条件是存在 a,b 且 $a\neq 0$,使得 $P\{Y=aX+b\}=1$.

下面证明性质 1,性质 2 的证明略.

由于对任何随机变量,方差非负,所以对任意的实数 t,有
$$f(t)=D(tX+Y)=D(tX)+DY+2\mathrm{Cov}(tX,Y)$$
$$=t^2D(X)+DY+2t\mathrm{Cov}(X,Y),$$

因为方差 $f(t)=D(tX+Y)\geqslant 0$,所以判别式
$$\Delta=[2\mathrm{Cov}(X,Y)]^2-4D(X)D(Y)\leqslant 0,$$

即
$$|\mathrm{Cov}(X,Y)|\leqslant \sqrt{D(X)}\cdot\sqrt{D(Y)},$$

从而
$$|\rho_{XY}|=\left|\frac{\mathrm{Cov}(X,Y)}{\sqrt{DX}\cdot\sqrt{DY}}\right|\leqslant 1.$$

说明:相关系数满足 $0\leqslant|\rho_{XY}|\leqslant 1$,且当 $|\rho_{XY}|$ 值越接近 1 时,X,Y 的线性相关程度越高,当 $|\rho_{XY}|$ 值越接近 0 时,X,Y 的线性相关程度越弱.当 $|\rho_{XY}|=1$,称 X,Y 完全线性相关,即 $Y=aX+b$;当 $|\rho_{XY}|=0$,称 X,Y 之间无线性关系.

定义 4.4 若相关系数 $\rho_{XY}=0$,称 X,Y 不相关.

若随机变量 X 与 Y 相互独立,则 $\mathrm{Cov}(X,Y)=0$,因此 X,Y 不相关,反之,随机变量 X,Y 不相关,但 X,Y 不一定相互独立.现举例说明.

例 3 已知随机变量 X 的分布律为

X	-1	0	1
p	$1/3$	$1/3$	$1/3$

记 $Y=X^2$.证明:X 与 Y 不相关,X 与 Y 不相互独立.

证 X 与 Y 不相互独立是显然的,因为 Y 的值完全由 X 的值决定.

但
$$E(XY)=E(X^3)=(-1)^3\times\frac{1}{3}+0^3\times\frac{1}{3}+1^3\times\frac{1}{3}=0.$$

因为 $E(X)=0$,所以
$$EX\cdot EY=0,$$
$$\rho_{XY}=\frac{\mathrm{Cov}(X,Y)}{\sqrt{DX}\cdot\sqrt{DY}}=\frac{E(XY)-EX\cdot EY}{\sqrt{DX}\cdot\sqrt{DY}}=0.$$

故 X 与 Y 线性不相关.

例 4 设随机变量 (X,Y) 的分布律为

X \ Y	-1	1
-1	0.25	0.5
1	0	0.25

求 $\mathrm{Cov}(X,Y),\rho_{XY}$.

解 X,Y 的分布律分别为

$$\begin{array}{c|cc} X & -1 & 1 \\ \hline p & 0.25 & 0.75 \end{array}$$

$$\begin{array}{c|cc} Y & -1 & 1 \\ \hline p & 0.75 & 0.25 \end{array}$$

$$E(X) = -1 \times 0.25 + 1 \times 0.75 = 0.5,$$
$$E(X^2) = (-1)^2 \times 0.25 + 1^2 \times 0.75 = 1,$$
$$D(X) = E(X^2) - [E(X)]^2 = 0.75,$$

同理可得

$$E(Y) = -0.5, \quad E(Y^2) = 1, \quad D(Y) = 0.75,$$
$$E(XY) = 1 \times 0.25 + (-1) \times 0.5 + 1 \times 0.25 = 0,$$
$$\mathrm{Cov}(X,Y) = E(XY) - E(X)E(Y) = 0.25,$$
$$\rho_{XY} = \frac{\mathrm{Cov}(X,Y)}{\sqrt{DX} \cdot \sqrt{DY}} = \frac{0.25}{\sqrt{0.75} \times \sqrt{0.75}} = \frac{1}{3}.$$

例 5 设随机变量 (X,Y) 具有概率密度

$$f(x,y) = \begin{cases} 6x, & 0 < x < y < 1, \\ 0, & \text{其他}. \end{cases}$$

求 $E(X), E(Y), \mathrm{Cov}(X,Y), \rho_{XY}$.

解 如图 4.1 所示,

$$E(X) = \int_0^1 \mathrm{d}y \int_0^y x \cdot 6x \mathrm{d}x$$
$$= \int_0^1 2y^3 \mathrm{d}y = \frac{1}{2};$$

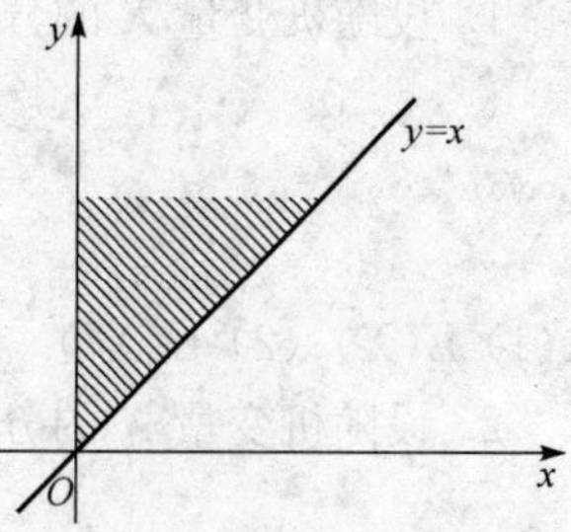

$$E(Y) = \int_0^1 \mathrm{d}y \int_0^y y \cdot 6x \mathrm{d}x = \int_0^1 3y^3 \mathrm{d}y = \frac{3}{4};$$

$$E(X^2) = \int_0^1 \mathrm{d}y \int_0^y x^2 \cdot 6x \mathrm{d}x = \int_0^1 \frac{3}{2} y^4 \mathrm{d}y = \frac{3}{10};$$

图 4.1

$$E(Y^2) = \int_0^1 \mathrm{d}y \int_0^y y^2 \cdot 6x \mathrm{d}x = \int_0^1 3y^4 \mathrm{d}y = \frac{3}{5},$$

$$E(XY) = \int_0^1 \mathrm{d}y \int_0^y xy \cdot 6x \mathrm{d}x = \int_0^1 2y^4 \mathrm{d}y = \frac{2}{5},$$

$$\mathrm{Cov}(X,Y) = E(XY) - E(X) \cdot E(Y) = \frac{2}{5} - \frac{1}{2} \times \frac{3}{4} = \frac{1}{40},$$

或由(4.3.1)式得

$$\mathrm{Cov}(X,Y) = E[(X-EX)(Y-EY)]$$
$$= \int_0^1 \mathrm{d}y \int_0^y \left(x - \frac{1}{2}\right) \cdot \left(y - \frac{3}{4}\right) \cdot 6x \mathrm{d}x$$
$$= \int_0^1 \left(2y^4 - 3y^3 + \frac{9}{8} y^2\right) \mathrm{d}y = \frac{1}{40},$$

$$D(X) = E(X^2) - [E(X)]^2 = \frac{3}{10} - \left(\frac{1}{2}\right)^2 = \frac{1}{20},$$

$$D(Y) = E(Y^2) - [E(Y)]^2 = \frac{3}{5} - \left(\frac{3}{4}\right)^2 = \frac{3}{80},$$

$$\rho_{XY} = \frac{\text{Cov}(X,Y)}{\sqrt{DX}\sqrt{DY}} = \frac{\frac{1}{40}}{\sqrt{\frac{1}{20}} \cdot \sqrt{\frac{3}{80}}} = \frac{1}{\sqrt{3}}.$$

除了前面介绍的数学期望、方差、协方差、相关系数等随机变量的数字特征外,还有其他一些数字特征. 现在给出数理统计中要涉及的矩的概念.

定义 4.5 设 X 是随机变量,若

$$\mu_k = E(X^k), \quad k=1,2,\cdots$$

存在,称它为 X 的 k **阶原点矩**,简称 k 阶矩;若

$$v_k = E(X - E(X))^k, \quad k=1,2,\cdots$$

存在,称它为 X 的 k **阶中心矩**.

$E(X^k)$ 可以看成 X 与原点横坐标 0 的差的 k 次方的数学期望,即 $E(X-0)^k$,所以称为原点矩,而 $X - E(X)$ 称为 X 的中心化,所以称 $E(X-E(X))^k$ 为中心矩.

显然,一阶原点矩是数学期望,二阶中心矩是方差,而一阶中心矩等于零.

习 题

1. 设随机变量 X 的分布律为

X	-1	0	1	2	3
p	0.1	0.2	0.2	0.3	0.2

求(1) $E(X)$;(2) $E(X^2)$.

2. 设随机变量 X 的分布律为

X	-1	0	1
p	a	b	c

已知 $E(X) = 0.2, E(X^2) = 0.6$,求常数 a, b, c.

3. 一袋中有 3 个红球和 2 个白球,现不放回的从袋中摸 4 个球,以 X 表示摸到红球数,试求 X 的数学期望 $E(X)$.

4. 设 $X \sim P(\lambda)$,且 $P\{X=3\} = P\{X=4\}$,求 $E(X)$.

5. 某一地区一个月内发生重大交通事故次数 X 的分布律为

X	0	1	2	3	4	5
p	0.301	0.362	0.218	0.087	0.026	0.006

求该地区这个月内发生交通事故的月平均次数.

6. 设随机变量 X 的分布为

X	-2	0	2
p	a	0.4	0.3

求:(1) a;(2) $E(X)$;(3) $E(3X^2+5)$.

7. 设随机变量 X 的概率密度为

(1) $f(x)=\begin{cases} 2x, & 0 \leqslant x \leqslant 1, \\ 0, & \text{其他}. \end{cases}$

(2) $f(x)=\dfrac{1}{2}e^{-|x|}, -\infty < x < +\infty.$

求: $E(X)$.

8. 设随机变量 X 的概率密度为

$$f(x)=\begin{cases} \dfrac{1}{8}x, & 0 \leqslant x \leqslant 4, \\ 0, & \text{其他}. \end{cases}$$

求:(1) $E(X)$;(2) $E\left(\dfrac{1}{X+1}\right)$;(3) $E(X^2)$.

9. 已知随机变量 X 的概率密度为

$$f(x)=\begin{cases} a+bx^2, & 0 \leqslant x \leqslant 1, \\ 0, & \text{其他}. \end{cases}$$

且 $E(X)=\dfrac{3}{5}$,试求 a 和 b 的值.

10. 某商店对某家用电器的销售采用先使用后付款的方式,记使用寿命为 X(以年计),规定:

$X \leqslant 1$,一台付款 1500 元;

$1 < X \leqslant 2$,一台付款 2000 元;

$2 < X \leqslant 3$,一台付款 2500 元;

$3 < X$,一台付款 3000 元.

设寿命 X 服从指数分布概率密度为

$$f(x)=\begin{cases} \dfrac{1}{10}e^{-x/10}, & x > 0, \\ 0, & \text{其他}. \end{cases}$$

试求该商店一台这种家用电器收费 Y 的数学期望 $E(Y)$.

11. 设在某一规定的时间间段里,其电气设备用于最大负荷的时间 X(以分计)是一个连续型随机变量,其概率密度为

$$f(x)=\begin{cases} \dfrac{1}{(1500)^2}x, & 0 \leqslant x \leqslant 1500, \\ \dfrac{-1}{(1500)^2}(x-3000), & 1500 < x \leqslant 1500, \\ 0, & \text{其他}. \end{cases}$$

求 $E(X)$.

12. 将 n 封信随机地放入 n 个写了不同地址的信封中,每个信封放一封信,求正确的信的封数的数学期望.

13. 一个农资商店经营化肥,若销售一吨则获利 300 元,若销售不出去待到第二年时,由于贷款利息,保管及损失,每吨亏 100 元,根据以往资料,销售量 $X \sim U[2000,3000]$,问进货多

少吨时使得利润最高?

14. 设 (X,Y) 的密度函数为
$$f(x,y)=\begin{cases}\dfrac{3}{2x^3y^2}, & x>1, \dfrac{1}{x}<y<x, \\ 0, & \text{其他,}\end{cases}$$

求 $E(Y), E\left(\dfrac{1}{XY}\right)$.

15. 一民航送客车载有 20 位旅客自机场开出,旅客有 10 个车站可以下车,如到达一个车站没有旅客下车就不停车,以 X 表示停车次数,求 $E(X)$(设每位旅客在各站下车是等可能的,并设各位旅客是否下车相互独立).

16. 设 (X,Y) 的分布律为

Y \ X	1	2	3
−1	0.2	0.1	0
0	0.1	0	0.3
1	0.1	0.1	0.1

(1) 求 $E(X), E(Y)$.
(2) 设 $Z=\dfrac{Y}{X}$, 求 $E(Z)$.
(3) 设 $Z=(X-Y)^2$, 求 $E(Z)$.

17. 设 (X,Y) 的概率密度为
$$f(x,y)=\begin{cases}e^{-y}, & 0\leqslant x\leqslant 1, y>0, \\ 0, & \text{其他.}\end{cases}$$

求 $E(X+Y)$.

18. 设 (X,Y) 的概率密度为
$$f(x,y)=\begin{cases}12y^2, & 0\leqslant y\leqslant x\leqslant 1, \\ 0, & \text{其他.}\end{cases}$$

求:(1) $E(X)$, (2) $E(Y)$, (3) $E(XY)$.

19. 对球的直径作近似测量,其值均匀分布在区间 $(2,4)$ 上,试计算球的体积的期望.

20. 设随机变量 X_1, X_2 的概率密度分别为
$$f_1(x)=\begin{cases}2e^{-2x}, & x>0, \\ 0, & x\leqslant 0,\end{cases} \quad f_2(x)=\begin{cases}4e^{-4x}, & x>0, \\ 0, & x\leqslant 0.\end{cases}$$

(1) 求:$E(X_1+X_2), E(2X_1-3X_2^2)$;(2) 又设 X_1, X_2 相互独立,求 $E(X_1X_2)$.

21. 有一个醉汉用 n 把钥匙去开门,其中只有一把能打开门上的锁,每把钥匙经试开一次后除去.设抽取钥匙是相互独立的,等可能性的.求试开次数 X 的数学期望.

22. 设连续型随机变量 X 的概率密度为
$$f(x)=\begin{cases}ax^2+bx+c, & 0\leqslant x\leqslant 1. \\ 0 & \text{其他.}\end{cases}$$

已知 $EX=0.5, DX=0.15$,求系数 a,b,c.

23. 设随机变量 X 的分布为

X	-2	0	2
p	0.3	0.4	0.3

求 $D(X)$.

24. 设连续型随机变量 X 的概率密度为

$$f(x)=\begin{cases} x, & 0<x\leqslant 1, \\ 2-x, & 1<x\leqslant 2, \\ 0, & \text{其他}. \end{cases}$$

求 $E(X), D(X)$.

25. 设二维随机变量 (X,Y) 的概率密度为

$$f(x,y)=\begin{cases} \dfrac{1}{2}, & 0<x<1, 0<y<2, \\ 0, & \text{其他}. \end{cases}$$

求：(1) $E(X), D(X)$，(2) $E(Y), D(Y)$.

26. 设 $X \sim N(-1, 4^2), Y \sim N(3, 2^2)$，且 X, Y 相互独立，求：(1) $E(2X+Y+2)$，$D(2X+Y+2)$；(2) $E(-2X+5Y)$；$D(-2X+5Y)$.

27. 设随机变量 X_1, X_2, X_3 相互独立，其中 $X_1 \sim U(0,6), X_2 \sim N(1,4), X_3$ 服从参数为 $\lambda=3$ 的指数分布，$Y=X_1-2X_2+3X_3$，求 $E(Y), D(Y)$.

28. 设 $X_1, X_2, \cdots, X_n$ 是相互独立的随机变量且有 $E(X_i)=\mu, D(X_i)=\sigma^2, i=1,2,\cdots,n$. 记 $\overline{X}=\dfrac{1}{n}\sum_{i=1}^{n}X_i$，求 $E(\overline{X}), D(\overline{X})$.

29. 设随机变量 X 和 Y 的联合分布为

X \ Y	-1	0	1
-1	$\dfrac{1}{8}$	$\dfrac{1}{8}$	$\dfrac{1}{8}$
0	$\dfrac{1}{8}$	0	$\dfrac{1}{8}$
1	$\dfrac{1}{8}$	$\dfrac{1}{8}$	$\dfrac{1}{8}$

(1) 求 $\text{Cov}(X,Y)$，(2) 验证：X 和 Y 不相关，但 X 和 Y 不是相互独立的.

30. 设随机变量 X 和 Y 的联合分布为

X \ Y	-1	0	1
0	0.07	0.18	0.15
1	0.08	0.32	0.20

求：(1) $\text{Cov}(X,Y)$，(2) ρ_{XY}.

31. 设随机变量 (X,Y) 具有概率密度

$$f(x,y)=\begin{cases}\dfrac{1}{8}(x+y), & 0\leqslant x\leqslant 2, 0\leqslant y\leqslant 2,\\ 0, & \text{其他}.\end{cases}$$

求：(1) $E(X)$，(2) $E(Y)$，(3) $\text{Cov}(X,Y)$，(4) ρ_{XY}，(5) $D(X+Y)$.

32. 设随机变量 (X,Y) 具有概率密度

$$f(x,y)=\begin{cases}6, & x^2\leqslant y\leqslant x,\\ 0, & \text{其他}.\end{cases}$$

求：(1) $E(X)$，(2) $E(Y)$，(3) $\text{Cov}(X,Y)$，(4) $D(X+Y)$.

33. 设随机变量 (X,Y) 具有概率密度为

$$f(x,y)=\begin{cases}1, & 0\leqslant x\leqslant 1, 0\leqslant y\leqslant 2x,\\ 0, & \text{其他}.\end{cases}$$

求：(1) $E(X)$，(2) $E(Y)$，(3) $\text{Cov}(X,Y)$，(4) ρ_{XY}.

34. 设 $X\sim N(\mu,\sigma^2)$，$Y\sim N(\mu,\sigma^2)$，且 X,Y 相互独立. 试求 $Z_1=\alpha X+\beta Y$ 和 $Z_2=\alpha X-\beta Y$ 的相关系数（其中 α,β 是不为零的常数）.

35. 卡车装运水泥，设每袋水泥质量（以 kg 计）服从 $N(50,2.5^2)$，问最多装多少袋水泥使总质量超过 2000 的概率不大于 0.05.

第 5 章 大数定律与中心极限定理

概率统计是研究随机变量统计规律性的数学学科,而随机现象的规律只有在对大量随机现象的考察中才能显现出来. 研究大量随机现象的统计规律,常常采用极限定理的形式去刻画,由此导致对极限定理进行研究. 极限定理的内容非常广泛,本章中主要介绍大数定律与中心极限定理.

5.1 大 数 定 律

前面已经指出,人们经过长期实践认识到,虽然个别随机事件在某次试验中可能发生也可能不发生,但是在大量重复试验中却呈现明显的规律性,即随着试验次数的增大,一个随机事件发生的频率在某一固定值附近摆动,也就是说频率具有稳定性. 同时,人们通过实践发现大量测量值的算术平均值也具有稳定性. 而这些稳定性如何从理论上给以证明,可以通过本节的大数定律来解决.

在给出大数定律之前,先证一个著名的不等式——切比雪夫不等式.

定理 5.1 设随机变量 X 存在有限方差 $D(X)$,则有对任意 $\varepsilon>0$,

$$P\{|X-E(X)|\geqslant\varepsilon\}\leqslant\frac{D(X)}{\varepsilon^2}. \tag{5.1.1}$$

证 若 X 是连续型随机变量,设 X 的概率密度为 $f(x)$,则有

$$P\{|X-E(X)|\geqslant\varepsilon\} = \int_{|x-E(X)|\geqslant\varepsilon} f(x)\mathrm{d}x \leqslant \int_{|x-E(X)|\geqslant\varepsilon} \frac{|x-E(X)|^2}{\varepsilon^2} f(x)\mathrm{d}x$$

$$\leqslant \frac{1}{\varepsilon^2} \int_{-\infty}^{+\infty} [x-E(X)]^2 f(x)\mathrm{d}x = \frac{D(X)}{\varepsilon^2}.$$

若 X 是离散型随机变量,请读者自己证明.

上述切比雪夫不等式也可表示如下,

$$P\{|X-E(X)|<\varepsilon\}\geqslant 1-\frac{D(X)}{\varepsilon^2}. \tag{5.1.2}$$

由此不等式得到在随机变量 X 的分布未知的情况下,事件 $\{|X-E(X)|<\varepsilon\}$ 的概率的下限估计,如在切比雪夫不等式中,令 $\varepsilon=3\sqrt{D(X)}, 4\sqrt{D(X)}$ 分别可得到

$$P\{|X-E(X)|<3\sqrt{D(X)}\}\geqslant 0.8889,$$
$$P\{|X-E(X)|<4\sqrt{D(X)}\}\geqslant 0.9375.$$

例 1 设 X 是掷一颗骰子所出现的点数,若给定 $\varepsilon=1,2$,实际计算 $P\{|X-E(X)|\geqslant\varepsilon\}$,并验证切比雪夫不等式成立.

解 因为 X 的概率函数是 $P\{X=k\}=\frac{1}{6}(k=1,2,\cdots,6)$,所以

$$E(X)=\frac{7}{2}, \quad D(X)=\frac{35}{12},$$

$$P\left\{\left|X-\frac{7}{2}\right|\geqslant 1\right\}=P\{X=1\}+P\{X=2\}+P\{X=5\}+P\{X=6\}=\frac{2}{3},$$

$$P\left\{\left|X-\frac{7}{2}\right|\geqslant 2\right\}=P\{X=1\}+P\{X=6\}=\frac{1}{3}.$$

又当 $\varepsilon=1$ 时,有 $\frac{D(X)}{\varepsilon^2}=\frac{35}{12}>\frac{2}{3}$,当 $\varepsilon=2$ 时,有 $\frac{D(X)}{\varepsilon^2}=\frac{35}{48}>\frac{1}{3}$. 由此可见切比雪夫不等式成立.

定义 5.1 设 $Y_1,Y_2,\cdots,Y_n,\cdots$ 是一个随机变量序列,a 是一个常数,若对于任意正数 ε,有

$$\lim_{n\to\infty}P\{|Y_n-a|<\varepsilon\}=1, \tag{5.1.3}$$

则称序列 $Y_1,Y_2,\cdots,Y_n,\cdots$ 依概率收敛于 a,记为 $Y_n\xrightarrow{P}a(n\to\infty)$.

定理 5.2(切比雪夫大数定理) 设 $X_1,X_2,\cdots$ 是相互独立的随机变量序列,各有数学期望 $E(X_1),E(X_2),\cdots$ 及方差 $D(X_1),D(X_2),\cdots$,并且对于所有 $i=1,2,\cdots$ 有 $D(X_i)<l$,其中 l 是与 i 无关的常数,则对任给 $\varepsilon>0$,有

$$\lim_{n\to\infty}P\left\{\left|\frac{1}{n}\sum_{i=1}^{n}X_i-\frac{1}{n}\sum_{i=1}^{n}E(X_i)\right|<\varepsilon\right\}=1. \tag{5.1.4}$$

证 因 $X_1,X_2,\cdots$ 相互独立,所以

$$D\left(\frac{1}{n}\sum_{i=1}^{n}X_i\right)=\frac{1}{n^2}\sum_{i=1}^{n}D(X_i)<\frac{1}{n^2}\cdot nl=\frac{l}{n}.$$

又因

$$E\left(\frac{1}{n}\sum_{i=1}^{n}X_i\right)=\frac{1}{n}\sum_{i=1}^{n}E(X_i),$$

由(5.1.2)式,对于任意正数 ε,有

$$P\left\{\left|\frac{1}{n}\sum_{i=1}^{n}X_i-\frac{1}{n}\sum_{i=1}^{n}E(X_i)\right|<\varepsilon\right\}\geqslant 1-\frac{l}{n\varepsilon^2},$$

而任何事件的概率都小于等于 1,则

$$1-\frac{l}{n\varepsilon^2}\leqslant P\left\{\left|\frac{1}{n}\sum_{i=1}^{n}X_i-\frac{1}{n}\sum_{i=1}^{n}E(X_i)\right|<\varepsilon\right\}\leqslant 1,$$

所以

$$\lim_{n\to\infty}P\left\{\left|\frac{1}{n}\sum_{i=1}^{n}X_i-\frac{1}{n}\sum_{i=1}^{n}E(X_i)\right|<\varepsilon\right\}=1.$$

由切比雪夫大数定理可知:在该定理的条件下,当 n 充分大时,n 个独立随机变量的平均数这个随机变量的离散程度是很小的. 也就是说,经过算术平均以后所得到的随机变量 $\frac{1}{n}\sum_{i=1}^{n}X_i$ 将比较密地聚集在它的数学期望 $\frac{1}{n}\sum_{i=1}^{n}E(X_i)$ 的附近,它与数学期望的差依概率收敛到 0.

推论 设 $X_1,X_2,\cdots$ 是相互独立的随机变量序列,且具有相同的数学期望和方差 $E(X_i)=\mu$ 及方差 $D(X_i)=\sigma^2, i=1,2,\cdots$,作前 n 个随机变量的算术平均 $Y_n=\frac{1}{n}\sum_{k=1}^{n}X_k$,则对任给的正数 ε,有

$$\lim_{n\to\infty}P\{|Y_n-\mu|<\varepsilon\}=1. \tag{5.1.5}$$

定理 5.3（伯努利大数定理） 设 n_A 是 n 次独立重复试验中事件 A 发生的次数，p 是事件 A 在每次试验中发生的概率，则对于任意正数 ε，有

$$\lim_{n\to\infty} P\left\{\left|\frac{n_A}{n}-p\right|<\varepsilon\right\}=1, \tag{5.1.6}$$

或

$$\lim_{n\to\infty} P\left\{\left|\frac{n_A}{n}-p\right|\geq\varepsilon\right\}=0.$$

证 定义随机变量

$$X_k=\begin{cases}0, & \text{若在第 }k\text{ 次试验中 }A\text{ 不发生},\\ 1, & \text{若在第 }k\text{ 次试验中 }A\text{ 发生},\end{cases}\quad k=1,2,\cdots,$$

则 $n_A=\sum_{k=1}^{n} X_k$.

由于 X_k 只依赖于第 k 次试验，而各次试验是独立的，于是 $X_1, X_2,\cdots$ 是相互独立的；又由于 X_k 服从 (0-1) 分布，故有

$$E(X_k)=p,\quad D(X_k)=p(1-p),\quad k=1,2,\cdots.$$

由推论知

$$\lim_{n\to\infty} P\left\{\left|\frac{1}{n}\sum_{k=1}^{n} X_i - p\right|<\varepsilon\right\}=1,$$

即 $\lim_{n\to\infty} P\left\{\left|\frac{n_A}{n}-p\right|<\varepsilon\right\}=1$.

由伯努利大数定理知，事件 A 发生的频率 $\frac{n_A}{n}$ 依概率收敛于事件 A 发生的概率 p，所以此定律从理论上证明了大量重复独立试验中，事件 A 发生的频率具有稳定性，正因为这种稳定性，概率的概念才有实际意义．伯努利大数定理还提供了通过试验来确定事件的概率的方法，即既然频率 $\frac{n_A}{n}$ 与概率 p 有较大偏差的可能性很小，于是我们就可以通过做试验确定某事件发生的频率，并把它作为相应概率的估计．因此，在实际应用中，如果试验的次数很大，就可以用事件发生的频率代替事件发生的概率．

定理 5.4（辛钦大数定理） 设随机变量 $X_1, X_2,\cdots$ 相互独立，服从同一分布，且具有数学期望 $E(X_k)=\mu, i=1,2,\cdots$，则对任给 $\varepsilon>0$，有

$$\lim_{n\to\infty} P\left\{\left|\frac{1}{n}\sum_{i=1}^{n} X_i - \mu\right|<\varepsilon\right\}=1. \tag{5.1.7}$$

显然，伯努利大数定理是辛钦大数定理的特殊情况．

此外，该定理使算术平均值的法则有了理论根据．若要测定某一物理量 a，在不变的条件下重复测量 n 次，得观测值 $X_1, X_2,\cdots, X_n$，求得实测值的算术平均值 $\frac{1}{n}\sum_{i=1}^{n} X_i$，根据此定理，当 n 足够大时，取 $\frac{1}{n}\sum_{i=1}^{n} X_i$ 作为 a 的近似值，可以认为所发生的误差是很小的，所以实用上往往用某物体的某一指标值的一系列实测值的算术平均值来作为该指标值的近似值．

例 2 若 $X_1, X_2,\cdots$ 为一列独立同分布的随机变量序列，且 X_n 的密度函数为

$$f(x)=\begin{cases}\left|\dfrac{1}{x}\right|^3, & |x|\geqslant 1,\\ 0, & |x|<1.\end{cases}$$

问:(1) $\{X_n\}$ 是否满足切比雪夫大数定理的条件?

(2) $\{X_n\}$ 是否满足辛钦大数定理的条件?

解
$$E(X_n)=\int_{-\infty}^{+\infty}xf(x)\mathrm{d}x=\int_{-\infty}^{-1}x\frac{1}{-x^3}\mathrm{d}x+\int_{1}^{-\infty}x\frac{1}{x^3}\mathrm{d}x=0.$$

$$E(X_n^2)=\int_{-\infty}^{+\infty}x^2f(x)\mathrm{d}x=\int_{-\infty}^{-1}x^2\frac{1}{-x^3}\mathrm{d}x+\int_{1}^{-\infty}x^2\frac{1}{x^3}\mathrm{d}x=\infty.$$

故 X_n 的数学期望存在,但方差 $D(X_n)$ 不存在,所以 $\{X_n\}$ 不满足切比雪夫大数定理的条件,满足辛钦大数定理的条件.

5.2 中心极限定理

客观实际中有许多随机变量,它们是由大量相互独立的偶然因素的综合影响所形成的,而每一个因素在总的影响中所起的作用是非常小的,但总起来说,却对总和有着显著的影响.这种随机变量往往近似地服从正态分布,这种现象就是中心极限定理的客观背景.概率论中有关论证独立随机变量的和的极限分布是正态分布的一系列定理称为中心极限定理,本节中只介绍几个常用的中心极限定理.

定理 5.5(独立同分布的中心极限定理) 设随机变量 $X_1,X_2,\cdots,X_n,\cdots$ 相互独立且服从同一分布,且具有数学期望和方差 $E(X_k)=\mu, D(X_k)=\sigma^2, k=1,2,\cdots$,则随机变量

$$Y_n=\frac{\sum_{k=1}^{n}X_k-E(\sum_{k=1}^{n}X_k)}{\sqrt{D(\sum_{k=1}^{n}X_k)}}=\frac{\sum_{k=1}^{n}X_k-n\mu}{\sqrt{n}\sigma}$$

的分布函数 $F_n(x)$,对于任意 x 满足

$$\lim_{n\to\infty}F_n(x)=\lim_{n\to\infty}P\left\{\frac{\sum_{k=1}^{n}X_k-n\mu}{\sqrt{n}\sigma}\leqslant x\right\}=\int_{-\infty}^{x}\frac{1}{\sqrt{2\pi}}\mathrm{e}^{-\frac{t^2}{2}}\mathrm{d}t. \tag{5.2.1}$$

证明略.

从定理 5.5 的结论可知,当 n 充分大时,近似地有

$$Y_n=\frac{\sum_{k=1}^{n}X_k-n\mu}{\sqrt{n}\sigma}\sim N(0,1),$$

或者说,当 n 充分大时,近似地有

$$\sum_{k=1}^{n}X_k\sim N(n\mu,n\sigma^2). \tag{5.2.2}$$

如果用 $X_1,X_2,\cdots,X_n$ 表示相互独立的各随机因素.假定它们都服从相同的分布(不论服从什么分布),且都有有限的期望与方差(每个因素的影响有一定限度),则(5.2.2)式说明,作为总和,$\sum_{k=1}^{n}X_k$ 这个随机变量当 n 充分大时,便近似地服从正态分布.

例1 一个螺丝钉质量是一个随机变量,期望值是 1 两,标准差是 0.1 两.求一盒(100 个)同型号螺丝钉的质量超过 10.2 斤的概率(1 斤=0.5kg,1 两=0.1 斤).

解 设一盒质量为 X,盒中第 i 个螺丝钉的质量为 $X_i(i=1,2,\cdots,100)$,则
$$E(X_i)=1, \quad D(X_i)=0.1^2.$$

从而,有 $X=\sum\limits_{i=1}^{100}X_i$,且 $E(X)=100E(X_i)=100,\sqrt{D(X)}=1$.

根据定理 5.5,$X \sim N(100,1)$

$$P\{X>100\}=P\left\{\frac{X-100}{1}>\frac{102-100}{1}\right\}=1-P\{X-100\leqslant 2\}$$
$$\approx 1-\Phi(2)=1-0.9772=0.0228.$$

定理 5.6(李雅普诺夫定理) 设随机变量 $X_1,X_2,\cdots,X_n$ 相互独立,它们具有数学期望和方差 $E(X_k)=\mu_k, D(X_k)=\sigma_k^2\neq 0, k=1,2,\cdots$,记 $B_n^2=\sum\limits_{k=1}^{n}\sigma_k^2$,若存在正数 δ,使得当 $n\to\infty$ 时,

$$\frac{1}{B_n^{2+\delta}}\sum_{k=1}^{n}E\{|X_k-\mu_k|^{2+\delta}\}\to 0,$$

则随机变量

$$Y_n=\frac{\sum\limits_{k=1}^{n}X_k-E(\sum\limits_{k=1}^{n}X_k)}{\sqrt{D(\sum\limits_{k=1}^{n}X_k)}}=\frac{\sum\limits_{k=1}^{n}X_k-\sum\limits_{k=1}^{n}\mu_k}{B_n}$$

的分布函数 $F_n(x)$,对于任意 x 满足

$$\lim_{n\to\infty}F_n(x)=\lim_{n\to\infty}P\left\{\frac{\sum\limits_{k=1}^{n}X_k-\sum\limits_{k=1}^{n}\mu_k}{B_n}\leqslant x\right\}=\int_{-\infty}^{x}\frac{1}{\sqrt{2\pi}}e^{-\frac{t^2}{2}}dt. \quad (5.2.3)$$

证明略.

由此定理可知,对于随机变量

$$Y_n=\frac{\sum\limits_{k=1}^{n}X_k-\sum\limits_{k=1}^{n}\mu_k}{B_n}$$

当 n 很大时,近似地服从正态分布 $N(0,1)$.

因此,当 n 很大时,

$$\sum_{k=1}^{n}X_k=B_nY_n+\sum_{k=1}^{n}\mu_k$$

近似地服从正态分布 $N(\sum\limits_{k=1}^{n}\mu_k, B_n^2)$.

这表明无论随机变量 $X_k, k=1,2,\cdots$ 具有怎样的分布,只要满足定理条件,则它们的和 $\sum\limits_{k=1}^{n}X_k$ 当 n 很大时,就近似地服从正态分布.而在许多实际问题中,所考虑的随机变量往往可以表示为多个独立的随机变量之和,因此它们常常近似服从正态分布.这就是为什么正态随机变量在概率论与数理统计中占有非常重要地位的原因.

下面介绍另一个中心极限定理.

定理 5.7（棣莫弗-拉普拉斯定理） 设随机变量 X 服从参数为 $n,p(0<p<1)$ 的二项分布，则对于任意的 x，有

$$\lim_{n\to\infty} P\left\{\frac{X-np}{\sqrt{np(1-p)}} \leqslant x\right\} = \int_{-\infty}^{x} \frac{1}{\sqrt{2\pi}} e^{-\frac{t^2}{2}} dt = \Phi(x). \tag{5.2.4}$$

由此定理可知，二项分布以正态分布为极限. 当 n 充分大时，可以利用上两式来计算二项分布的概率.

例 2 已知红黄两种番茄杂交的第二代结红果的植株与结黄果的植株的比率为 $3:1$，现种植杂交种 400 株，求结黄果植株介于 83 到 117 之间的概率.

解 由题意，知任意一株杂交种或结红果或结黄果，只有两种可能性，且结黄果的概率 $p=\frac{1}{4}$；种植杂交种 400 株，相当于做了 400 次伯努利试验，若记 X 为 400 株杂交种结黄果的株数，则 $X \sim b\left(400, \frac{1}{4}\right)$，由于 $n=400$ 较大，故由中心极限定理所求的概率为

$$P(83 \leqslant X \leqslant 117) \approx \Phi\left(\frac{117 - 400 \times \frac{1}{4}}{\sqrt{400 \times \frac{1}{4} \times \frac{3}{4}}}\right) - \Phi\left(\frac{83 - 400 \times \frac{1}{4}}{\sqrt{400 \times \frac{1}{4} \times \frac{3}{4}}}\right)$$

$$= \Phi(1.96) - \Phi(-1.96) = 2\Phi(1.96) - 1 = 0.975 \times 2 - 1 = 0.95.$$

故结黄果植株介于 83 到 117 之间的概率为 0.95.

习 题

1. 有一批建筑房屋用的木柱，其中 80% 的长度不小于 3 米. 现从这批木柱中随机地取出 100 根，问其中至少有 30 根短于 3 米的概率是多少？

2. 某药厂断言，该厂生产的某种药品对于医治一种疑难的血液病的治愈率为 0.8. 医院检验员任意抽查 100 名服用此药品的患者，如果其中多于 75 人治愈，就接受这一断言，否则就拒绝这一断言.
  (1) 若实际上此药品对这种疾病的治愈率是 0.8，问接受这一断言的概率是多少？
  (2) 若实际上此药品对这种疾病的治愈率是 0.7，问接受这一断言的概率是多少？

3. 用中心极限定理近似计算从一批废品率为 0.05 的产品中，任取 1000 件，其中有 20 件废品的概率.

4. 一颗骰子连续掷 4 次，点数总和记为 X. 估计 $P\{10 < X < 18\}$.

5. 假设一条生产线生产的产品合格率是 0.8. 要使一批产品的合格率达到在 76% 与 84% 之间的概率不小于 90%，问这批产品至少要生产多少件？

6. 某车间有同型号机床 200 部，每部机床开动的概率为 0.7，假定各机床开动与否互不影响，开动时每部机床消耗电能 15 个单位. 问至少供应多少单位电能才可以 95% 的概率保证不致因供电不足而影响生产.

7. 一加法器同时收到 20 个噪声电压 $V_k(k=1,2,\cdots,20)$，设它们是相互独立的随机变量，且都在区间 $(0,10)$ 上服从均匀分布. 记 $V = \sum_{k=1}^{20} V_k$，求 $P\{V>105\}$ 的近似值.

8. 设有 30 个电子器件. 它们的使用寿命 $T_1, \cdots, T_{30}$ 服从参数 $\lambda = 0.1$（单位：小时）的指数分布, 其使用情况是第一个损坏第二个立即使用, 以此类推. 令 T 为 30 个器件使用的总计时间, 求 T 超过 350 小时的概率.

9. 题 8 中的电子器件若每件为 a 元, 那么在年计划中一年至少需多少元才能以 95% 的概率保证够用（假定一年有 306 个工作日, 每个工作日为 8 小时）.

10. 对于一名学生而言, 来参加家长会的家长人数是一个随机变量, 设一个学生无家长、1 名家长、2 名家长来参加会议的概率分别为 0.05, 0.8, 0.15. 若学校共有 400 名学生, 设各学生参加会议的家长数相与独立, 且服从同一分布.

(1) 求参加会议的家长数 X 超过 450 的概率？

(2) 求有一名家长来参加会议的学生数不多于 340 的概率.

11. 设男孩出生率为 0.515, 求在 10000 个新生婴儿中女孩不少于男孩的概率？

12. 在一定保险公司里有 10000 人参加保险, 每人每年付 12 元保险费, 在一年内一个人死亡的概率为 0.006, 死亡者其家属可向保险公司领得 1000 元赔偿费. 求：

(1) 保险公司没有利润的概率为多大；

(2) 保险公司一年的利润不少于 60000 元的概率为多大？

13. 设随机变量 X 和 Y 的数学期望都是 2, 方差分别为 1 和 4, 而相关系数为 0.5 试根据切比雪夫不等式给出 $P\{|X-Y| \geqslant 6\}$ 的估计.

14. 设某单位内部有 1000 台电话分机, 每台分机有 5% 的时间使用外线通话, 假定各个分机是否使用外线是相互独立的, 该单位总机至少需要安装多少条外线, 才能使 95% 以上的概率保证每台分机需要使用外线时不被占用？

第 6 章　样本及抽样分布

前面 5 章介绍了概率论的基本内容,随后的 3 章将讲述数理统计.数理统计是以概率论为理论基础的一个数学分支.它是从实际观测的数据出发研究随机现象,对研究对象的客观规律性作出各种合理的估计和判断.在科学研究中,数理统计占据一个十分重要的位置,是多种试验数据处理的理论基础.

本章中首先讨论总体、随机样本及统计量等基本概念,然后着重介绍几个常用的统计量及抽样分布.

6.1　随机样本

用概率论的方法研究随机现象,必然涉及对随机变量观测结果的处理.将随机现象得到的大量观测数据进行收集、整理、分析,由此形成的各种方法构成数理统计的基本内容.数理统计就是研究如何进行观测以及如何根据观测得到的统计资料,对被研究的随机现象的一般概率特征,如概率分布、数学期望、方差等作出统计推断.

在数理统计中,我们将研究对象的某项数量指标值的全体称为**总体**,总体中的每个元素称为**个体**.例如,研究工厂生产的某种产品的质量时,该工厂的这种产品的全体是总体,每件产品为一个个体;在对某大学在校学生情况进行调查时.该大学的全体在校学生是一个总体,每个学生是一个个体.总体所包含的个体的个数称为**总体的容量**,容量为有限的总体称为**有限总体**,容量为无限的总体称为**无限总体**.随机变量的分布称为**总体分布**.

总体中的每一个个体是随机试验的一个观察值,因此它是某一随机变量 X 的值.这样,一个总体对应于一个随机变量 X.我们对总体的研究就是对随机变量 X 的研究.因此,我们将总体定义为随机变量.今后将不区分总体与相应的随机变量,笼统称为总体 X.

一般地,我们都是从总体中抽取一部分个体进行观察,然后根据所得的数据来推断总体的性质.被抽出的部分个体,称为**总体的一个样本**.

所谓从总体抽取一个个体,就是对总体 X 进行一次观察(即进行一次试验),并记录其结果.我们在相同的条件下对总体 X 进行 n 次重复的、独立的观察,将 n 次观察结果按试验的次序记为 $X_1, X_2, \cdots, X_n$.由于 $X_1, X_2, \cdots, X_n$ 是对随机变量 X 观察的结果,且各次观察是在相同的条件下独立进行的,于是引出以下的样本定义.

定义 6.1　设总体 X 是具有分布函数 F 的随机变量,若 $X_1, X_2, \cdots, X_n$ 是与 X 具有同一分布 $F(x)$,且相互独立的随机变量,则称 $X_1, X_2, \cdots, X_n$ 为从总体 X 得到的容量为 n 的**简单随机样本**,简称为**样本**.获得简单随机样本的抽样方法称为**简单随机抽样**.

当 n 次观察一经完成,我们就得到一组实数 $x_1, x_2, \cdots, x_n$.它们依次是随机变量 $X_1, X_2, \cdots, X_n$ 的观察值,称为**样本值**.

以后如无特别说明,所提到的样本都是简单随机样本.

对于有限总体,采用放回抽样就能得到简单样本,但放回抽样使用起来不方便,当总体中

个体的总数 N 比要得到的样本的容量 n 大得多时$\left(\text{一般当}\dfrac{N}{n}\geqslant 10 \text{ 时}\right)$,在实际中可将不放回抽样近似地当成放回抽样来处理.

对于无限总体,因抽取一个个体不影响它的分布,所以总是采用不放回抽样.

若 $X_1,X_2,\cdots,X_n$ 为总体 X 的一个样本,X 的分布函数为 $F(x)$,则 $X_1,X_2,\cdots,X_n$ 的联合分布函数为

$$F^*(x_1,x_2,\cdots,x_n)=\prod_{i=1}^{n}F(x_i).$$

若 X 为连续型随机变量,具有概率密度 $f(x)$,则 $X_1,X_2,\cdots,X_n$ 的联合概率密度为

$$f^*(x_1,x_2,\cdots,x_n)=\prod_{i=1}^{n}f(x_i).$$

若 X 为离散型随机变量,具有分布律 $P\{X=x\}$,则 $X_1,X_2,\cdots,X_n$ 的联合分布律为

$$P^*(x_1,x_2,\cdots,x_n)=\prod_{i=1}^{n}P\{X=x_i\}.$$

例 1 设总体服从参数为 p 的 (0-1) 分布,$X_1,X_2,\cdots,X_n$ 为来自总体的一个样本,求 $X_1,X_2,\cdots,X_n$ 的联合分布律.

解 因为 $X\sim b(1,p)$,所以,
$$P\{X=x\}=p^x(1-p)^{1-x},\quad x=0,1.$$
从而,$X_1,X_2,\cdots,X_n$ 的联合分布律为

$$P^*(x_1,x_2,\cdots,x_n)=\prod_{i=1}^{n}P\{X=x_i\}=\prod_{i=1}^{n}p^{x_i}(1-p)^{1-x_i}=p^{\sum_{i=1}^{n}x_i}(1-p)^{n-\sum_{i=1}^{n}x_i},x_i=0,1.$$

例 2 设某种灯泡的寿命 X 服从指数分布,其概率密度为

$$f_x(x)=\begin{cases}\dfrac{1}{\theta}\mathrm{e}^{-\frac{x}{\theta}}, & x>0,\\ 0, & x\leqslant 0.\end{cases}$$

求来自总体的一个样本 $X_1,X_2,\cdots,X_n$ 的概率密度.

解 $f^*(x_1,x_2,\cdots,x_n)=\prod_{i=1}^{n}f(x_i)$

$$=\begin{cases}\theta^{-n}\mathrm{e}^{-\frac{1}{\theta}\sum_{i=1}^{n}x_i}, & x_i>0,\\ 0, & \text{其他}.\end{cases}\quad i=1,2,\cdots,n,$$

样本来自总体,样本的观测值中含有总体各方面的信息.

下面介绍统计量和样本矩的概念.

定义 6.2 设 $X_1,X_2,\cdots,X_n$ 是来自总体 X 的一个样本,$g(X_1,X_2,\cdots,X_n)$ 是 $X_1,X_2,\cdots,X_n$ 的函数,若 g 中不含任何未知参数,则称 $g(X_1,X_2,\cdots,X_n)$ 为一个统计量.

设 $x_1,x_2,\cdots,x_n$ 是相应于样本 $X_1,X_2,\cdots,X_n$ 的样本值,则称 $g(x_1,x_2,\cdots,x_n)$ 是 $g(X_1,X_2,\cdots,X_n)$ 的观察值.

下面定义一些常用的统计量. 设 $X_1,X_2,\cdots,X_n$ 是来自总体 X 的一个样本,$x_1,x_2,\cdots,x_n$ 是这一样本的观察值.

样本平均值为
$$\overline{X} = \frac{1}{n}\sum_{i=1}^{n} X_i.$$

样本方差为
$$S^2 = \frac{1}{n-1}\sum_{i=1}^{n}(X_i - \overline{X})^2 = \frac{1}{n-1}\Big(\sum_{i=1}^{n} X_i^2 - n\overline{X}^2\Big).$$

样本标准差为
$$S = \sqrt{S^2} = \sqrt{\frac{1}{n-1}\sum_{i=1}^{n}(X_i - \overline{X})^2}.$$

样本 k 阶(原点)矩为
$$A_k = \frac{1}{n}\sum_{i=1}^{n} X_i^{\,k}, \quad k=1,2,\cdots.$$

样本 k 阶中心矩为
$$B_k = \frac{1}{n}\sum_{i=1}^{n}(X_i - \overline{X})^k, \quad k=1,2,\cdots.$$

它们的观察值分别为
$$\overline{x} = \frac{1}{n}\sum_{i=1}^{n} x_i;$$

$$s^2 = \frac{1}{n-1}\sum_{i=1}^{n}(x_i - \overline{x})^2 = \frac{1}{n-1}\Big(\sum_{i=1}^{n} x_i^{\,2} - n\overline{x}^2\Big);$$

$$s = \sqrt{\frac{1}{n-1}\sum_{i=1}^{n}(x_i - \overline{x})^2};$$

$$a_k = \frac{1}{n}\sum_{i=1}^{n} x_i^k, \quad k=1,2,\cdots;$$

$$b_k = \frac{1}{n}\sum_{i=1}^{n}(x_i - \overline{x})^k, \quad k=1,2,\cdots.$$

这些观察值仍分别称为样本平均值、样本方差、样本标准差、样本 k 阶矩、样本 k 阶中心矩.

例3 设在一本书中随机地检查了10页,发现每页上的错误数为
$$4,5,6,0,3,1,4,2,1,4.$$
试计算其样本均值 $\overline{x}$,样本方差 s^2 和样本标准差 s.

解 $\overline{X} = \frac{1}{n}\sum_{i=1}^{n} X_i = \frac{1}{10}(4+5+6+0+3+1+4+2+1+4) = 3,$

$$s^2 = \frac{1}{10-1}[(4-3)^2+(5-3)^2+(6-3)^2+(0-3)^2$$
$$+(3-3)^2+(1-3)^2+(4-3)^2+(2-3)^2+(1-3)^2+(4-3)^2]$$
$$= \frac{34}{9},$$

$$s = \frac{\sqrt{34}}{3}.$$

6.2 抽样分布

统计量是随机变量,统计量的分布是数理统计中的基本理论课题,它对统计方法的应用起着举足轻重的作用.通常称统计量的分布为抽样分布.一般地,要确定某一统计量的分布是比较复杂的.不过在实际问题中,用正态随机变量来刻画的随机现象比较普遍,因此,来自正态总体的样本的统计量在数理统计中占有重要的地位.本节将在已知总体 X 服从正态分布的条件下,给出一系列常用统计量的分布.

1. χ^2 分布

定义 6.3 设 $X_1, X_2, \cdots, X_n$ 是来自总体 $N(0,1)$ 的样本,则统计量
$$\chi^2 = X_1^2 + X_2^2 + \cdots + X_n^2$$
所服从的分布称为自由度为 n 的 χ^2 分布,记为 $\chi^2 \sim \chi^2(n)$.

$\chi^2(n)$ 分布的概率密度函数为
$$f(y) = \begin{cases} \dfrac{1}{2^{\frac{n}{2}} \Gamma\left(\dfrac{n}{2}\right)} y^{\frac{n}{2}-1} e^{\frac{-y}{2}}, & y > 0, \\ 0, & \text{其他}. \end{cases}$$

$f(y)$ 的图形如图 6.1 所示.

χ^2 分布具有如下性质:

(1) 如果 $\chi_1^2 \sim \chi^2(n_1), \chi_2^2 \sim \chi^2(n_2)$,且它们相互独立,则有
$$\chi_1^2 + \chi_2^2 \sim \chi^2(n_1 + n_2).$$
这一性质称为 χ^2 分布的可加性.

(2) 如果 $\chi^2 \sim \chi^2(n)$,则有
$$E(\chi^2) = n, \quad D(\chi^2) = 2n.$$

证 只证(2)因为 $X_i \sim N(0,1)$,所以
$$E(X_i^2) = D(X_i) = 1,$$
$$D(X_i^2) = E(X_i^4) - [E(X_i^2)]^2 = 3 - 1 = 2, \quad i = 1, 2, \cdots, n.$$
于是 $E(\chi^2) = E\left(\sum_{i=1}^n X_i^2\right) = \sum_{i=1}^n E(X_i^2) = n,$
$$D(\chi^2) = D\left(\sum_{i=1}^n X_i^2\right) = \sum_{i=1}^n D(X_i^2) = 2n.$$

对于给定的正数 $\alpha, 0 < \alpha < 1$,称满足条件
$$P\{\chi^2 > \chi_\alpha^2(n)\} = \int_{\chi_\alpha^2(n)}^\infty f(y) dy = \alpha$$
的点 $\chi_\alpha^2(n)$ 为 $\chi^2(n)$ 分布的上 α 分位点,如图 6.2 所示,对于不同的 α, n,上 α 分位点的值已制成表格,可以查用(附表 3),如对于 $\alpha = 0.05, n = 16$,查附表得 $\chi_{0.05}^2(16) = 26.296$. 但该表只详列到 $n = 40$ 为止.

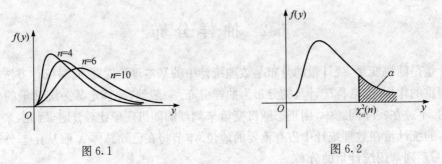

图 6.1　　　　　　　　　　图 6.2

当 n 充分大时,近似地有 $\chi_\alpha^2(n) \approx \frac{1}{2}(z_\alpha + \sqrt{2n-1})^2$,其中 z_α 是标准正态分布的上 α 分位点. 例如,

$$\chi_{0.05}^2(50) \approx \frac{1}{2}(1.645 + \sqrt{99})^2 = 67.221.$$

例 1　设总体 $X \sim N(0, 0.25)$,$X_1, X_2, \cdots, X_n$ 为来自总体的一个样本,要使 $a\sum_{i=1}^{7} X_i^2 \sim \chi^2(7)$,则应取常数 a 为多少？

解　因为 $X \sim N(0, 0.25)$,所以 $\frac{X}{0.5} \sim N(0,1)$,从而

$$\sum_{i=1}^{7} \left(\frac{X}{0.5}\right)^2 \sim \chi^2(7),$$

故 $a = 4$.

2. t 分布

设随机变量 $X \sim N(0,1)$,$Y \sim \chi^2(n)$,并且 X, Y 独立,则称随机变量

$$t = \frac{X}{\sqrt{Y/n}}$$

服从自由度为 n 的 t 分布,记为 $t \sim t(n)$.

$t \sim t(n)$ 分布的概率密度函数为

$$h(t) = \frac{\Gamma[(n+1)/2]}{\sqrt{n\pi}\,\Gamma(n/2)}\left(1 + \frac{t^2}{n}\right)^{-(n+1)/2}, \quad -\infty < t < +\infty.$$

证略.

图 6.3 中画出了当 $n = 1, 10$ 时 $h(t)$ 的图形. $h(t)$ 的图形关于 $t = 0$ 对称,当 n 充分大时其图形类似于标准正态变量概率密度的图形. 但对于较小的 n,t 分布与 $N(0,1)$ 分布相差很大(附表 4).

对于给定的 α,$0 < \alpha < 1$,称满足条件

$$P\{t > t_\alpha(n)\} = \int_{t_\alpha(n)}^{\infty} h(t)\,\mathrm{d}t = \alpha$$

的点 $t_\alpha(n)$ 为 t 分布的上 α 分位点(图 6.4).

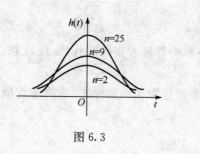
图 6.3

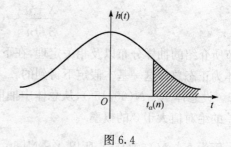
图 6.4

由 t 分布的上 α 分位点的定义及 $h(t)$ 图形的对称性知
$$t_{1-\alpha}(n) = -t_{\alpha}(n),$$
t 分布的上 α 分位点可从附表查得. 在 $n>45$ 时,就用正态分布近似: $t_{\alpha}(n)=z_{\alpha}$.

3. 正态总体的样本均值与样本方差的分布

定理 6.1 设正态总体的均值为 μ,方差为 σ^2, $X_1, X_2, \cdots, X_n$ 是来自正态总体 X 的一个简单样本,则总有
$$E(\overline{X}) = \mu,$$
$$D(\overline{X}) = \frac{\sigma^2}{n},$$
$$\overline{X} \sim N\left(\mu, \frac{\sigma^2}{n}\right).$$

对于正态总体 $N(\mu, \sigma^2)$ 的样本方差 S^2,有以下的性质.

定理 6.2 设 $X_1, X_2, \cdots, X_n$ 是来自正态总体 $N(\mu, \sigma^2)$ 的样本, $\overline{X}, S^2$ 分别是样本均值和样本方差,则有

(1) $\dfrac{(n-1)S^2}{\sigma^2} \sim \chi^2(n-1)$;

(2) $\overline{X}$ 与 S^2 独立.

证略.

定理 6.3 设 $X_1, X_2, \cdots, X_n$ 来自正态总体 $N(\mu, \sigma^2)$ 的样本, $\overline{X}, S^2$ 分别是样本均值和样本方差,则有
$$\frac{\overline{X}-\mu}{S/\sqrt{n}} \sim t(n-1).$$

证 因为
$$\frac{\overline{X}-\mu}{\sigma/\sqrt{n}} \sim N(0,1),$$
$$\frac{(n-1)S^2}{\sigma^2} \sim \chi^2(n-1),$$
且两者是相互独立的,由 t 分布的定义可知
$$\frac{\overline{X}-\mu}{\sigma/\sqrt{n}} \Big/ \sqrt{\frac{(n-1)S^2}{\sigma^2(n-1)}} \sim t(n-1),$$

化简可得

$$\frac{\overline{X}-\mu}{S/\sqrt{n}} \sim t(n-1).$$

本节所介绍的抽样分布以及相关定理，在下面各章中都起着重要的作用．应注意，它们都是在总体为正态总体这一基本假定下得到的．

例 2 设总体 $X \sim N(60, 15^2)$，从总体中抽取一个容量为 100 的样本，求样本均值与总体均值之差的绝对值大于 3 的概率．

解 因为 $X \sim N(60, 15^2)$，所以 $\overline{X} \sim N\left(60, \frac{15^2}{100}\right)$．从而

$$P\{|\overline{X}-60|>3\} = 1 - P\{|\overline{X}-60| \leqslant 3\}$$
$$= 1 - P\left\{\frac{|\overline{X}-60|}{15/10} \leqslant \frac{3 \times 10}{15}\right\}$$
$$= 1 - [\Phi(2) - \Phi(-2)] = 0.0456.$$

例 3 设总体 $X \sim N(72, 10^2)$，为使样本均值大于 70 的概率不小于 0.9，问样本容量 n 至少应取多大？

解 设需要样本容量为 n，则

$$P\left\{\frac{\overline{X}-72}{10/\sqrt{n}} > \frac{70-72}{10/\sqrt{n}}\right\} = 1 - \Phi\left(\frac{-2}{10/\sqrt{n}}\right) = \Phi(0.2\sqrt{n}) \geqslant 0.9.$$

查标准正态分布表，得 $0.2\sqrt{n} \geqslant 1.29$，即 $n \geqslant 41.6$．

故样本容量至少应取 42．

例 4 设总体 $X \sim N(\mu, 16)$，$X_1, X_2, \cdots, X_{10}$ 是来自总体 X 的一个容量为 10 的简单随机样本，S^2 为其样本方差，且 $P\{S^2 > a\} = 0.1$，求 a 之值．

解 因为 $\frac{(n-1)S^2}{\sigma^2} \sim \chi^2(n-1)$，所以 $\frac{9S^2}{16} \sim \chi^2(9)$，从而，

$$P\{S^2 > a\} = P\left\{\frac{9}{16}S^2 > \frac{9}{16}a\right\} = 0.1.$$

又 $\chi^2(9) = 14.684$，于是，$\frac{9}{16}a = 14.684$，故 $a = 26.105$．

习 题

1. 从正态总体 $N(4.2, 5^2)$ 中抽取容量为 n 的样本，若要求其样本均值位于区间 (2.2, 6.2) 内的概率不小于 0.95，则样本容量 n 至少取多大？

2. 设某厂生产的灯泡的使用寿命 $X \sim N(1000, \sigma^2)$（单位：小时），随机抽取一容量为 9 的样本，并测得样本均值及样本方差．但是由于工作上的失误，事后失去了此试验的结果，只记得样本方差为 $S^2 = 1002$，试求 $P\{\overline{X} > 1062\}$．

3. 从一正态总体中抽取容量为 10 的样本，假定有 2% 的样本均值与总体均值之差的绝对值在 4 以上，求总体的标准差．

4. 求总体 $X \sim N(20, 3)$ 的容量分别为 10，15 的两个独立随机样本平均值差的绝对值大于 0.3 的概率．

5. 设样本 $X_1, X_2, \cdots, X_6$ 来自总体 $N(0, 1)$，$Y = (X_1 + X_2 + X_3)^2 + (X_4 + X_5 + X_6)^2$，试确

定常数 C，使得 CY 服从 χ^2 分布.

6. 设样本 $X_1, X_2, \cdots, X_5$ 来自总体 $N(0,1)$，$Y = \dfrac{C(X_1+X_2)}{(X_3+X_4+X_5)^{1/2}}$，试确定常数 C，使得 Y 服从 t 分布.

7. 设总体 $X \sim N(\mu_1, \sigma_1^2)$，总体 $Y \sim N(\mu_2, \sigma_2^{\ 2})$ 若 $X_1, X_2, \cdots, X_{n_1}$ 和 $Y_1, Y_2, \cdots, Y_{n_2}$ 分别来自总体 X 和 Y 的简单随机样本，则 $E\left[\dfrac{\sum\limits_{i=1}^{n_1}(X_i-\overline{X})^2 + \sum\limits_{j=1}^{n_2}(Y_j-\overline{Y})^2}{n_1+n_2-2}\right]$ 为多少？

8. 设总体 $X \sim N(\mu, \sigma^2)$，$X_1, X_2, \cdots, X_{2n}$ $(n \geqslant 2)$ 是来自总体 X 的一个样本，$\overline{X} = \dfrac{1}{2n}\sum\limits_{i=1}^{2n} X_i$，令 $Y = \sum\limits_{i=1}^{n}(X_i + X_{n+i} - 2\overline{X})^2$，求 $E(Y)$.

9. 设总体 X 的概率密度为 $f(x) = \dfrac{1}{2}e^{-|x|}$，$X_1, X_2, \cdots, X_n$ 为总体 X 的简单随机样本，其样本方差为 s^2，求 $E(s^2)$.

10. 设总体 $N(\mu, \sigma^2)$，$X_1, X_2, \cdots, X_{16}$ 是来自 X 的样本. 这里 μ, σ^2 均未知.
(1) $P\{S^2/\sigma^2 \leqslant 2.041\}$，其中 S^2 为样本方差.
(2) 求 $D(S^2)$.

第7章 参数估计

本章将讨论统计推断,所谓统计推断就是由样本来推断总体,从研究的问题和内容来看,统计推断可以分为参数估计和假设检验两个主要类型,本章将介绍参数估计.

在实际问题中,当所研究的总体分布类型已知,但分布中含有一个或多个未知参数时,如何根据样本观测值来估计未知参数,这就是参数估计问题.

参数估计问题分为点估计问题与区间估计问题两类.所谓点估计就是用某一个函数值作为总体未知参数的估计值;区间估计就是对于未知参数给出一个范围,并且在一定的可靠度下使这个范围包含未知参数.

7.1 点 估 计

设 $X_1, X_2, \cdots, X_n$ 是取自总体 X 的一个样本,$x_1, x_2, \cdots, x_n$ 是相应的一个样本值. θ 是总体分布中的未知参数,所谓 θ 的点估计,就是构造一个适当的统计量

$$\hat{\theta}(X_1, X_2, \cdots, X_n),$$

然后用其观察值

$$\hat{\theta}(x_1, x_2, \cdots, x_n)$$

来估计 θ 的值. 称 $\hat{\theta}(X_1, X_2, \cdots, X_n)$ 为 θ 的估计量. 称 $\hat{\theta}(x_1, x_2, \cdots, x_n)$ 为 θ 的估计值. 在不致混淆的情况下,估计量与估计值统称为**点估计**,简称为**估计**,并简记为 $\hat{\theta}$. 本节介绍两种常见的点估计方法,它们是矩估计法和最大似然估计法.

7.1.1 矩估计法

1. 矩估计法的思想

设 $X_1, X_2, \cdots, X_n$ 是取自总体 X 的一个样本,若总体 X 的 k 阶矩 $\mu_k = E(X^k)$ 存在时,由辛钦大数定理知,当 $n \to \infty$ 时,有

$$A_k = \frac{1}{n} \sum_{i=1}^{n} X_i^k \xrightarrow{P} \mu_k, \quad k = 1, 2, \cdots.$$

基于样本矩 A_k 依概率收敛于相应的总体矩 μ_k,样本矩的连续函数依概率收敛于相应的总体矩的连续函数,所以用相应的样本矩 A_k 去替换总体矩 μ_k,用样本矩的函数去替换总体矩的函数,这种方法称为**矩估计法**.用矩估计法确定的估计量称为**矩估计量**.相应的估计值称为**矩估计值**.

2. 矩估计法的步骤

(1) 求出总体 X 的前 k 阶总体矩和前 k 阶样本矩,k 为未知参数的个数.

设 X 为离散型的随机变量,其分布律为 $P\{X=x\} = p(x; \theta_1, \theta_2, \cdots, \theta_k)$,或 X 为连续型的

随机变量,其概率密度为 $f(x;\theta_1,\theta_2,\cdots,\theta_k)$,其中 $\theta_1,\cdots,\theta_k$ 为未知参数,设总体 X 的前 k 阶矩 $\mu_1,\cdots,\mu_k$ 都存在,且都是这 k 个未知参数的函数,即

$$\mu_i = E(X^i) = \mu_i(\theta_1,\cdots,\theta_k), \quad i=1,2,\cdots,k,$$

其中

$$E(X^i) = \begin{cases} \sum_{x \in R_X} x^i p(x;\theta_1,\theta_2,\cdots,\theta_k), & X \text{ 为离散型}, \\ \int_{-\infty}^{+\infty} x^i f(x;\theta_1,\theta_2,\cdots,\theta_k) dx, & X \text{ 为连续型}, \end{cases} \quad i=1,2,\cdots,k,$$

这里 R_X 是 X 可能取值的范围.

(2) 由替换原则,用样本矩替换总体矩,令 k 阶总体矩和 k 阶样本矩相等,从而会得到如下方程.

$$A_i = \frac{1}{n}\sum_{j=1}^{n} X_j^i = \mu_i(\theta_1,\theta_2,\cdots,\theta_k), \quad i=1,2,\cdots k, \tag{7.1.1}$$

从上述方程组中求解,就得到未知参数 $\theta_1,\cdots,\theta_k$ 的矩法估计量.

$$\hat{\theta}_i = \hat{\theta}_i(A_1,\cdots,A_k), \quad i=1,2,\cdots,k. \tag{7.1.2}$$

例 1 设总体 X 在 $[0,\theta]$ 上服从均匀分布,θ 未知,$X_1,X_2,\cdots,X_n$ 是取自总体 X 的一个样本,求 θ 的矩估计量.

解 因为 $\mu_1 = E(X) = \frac{\theta}{2}, A_1 = \overline{X}$,所以由矩估计法得 $A_1 = \mu_1$,故 θ 的矩估计量为 $\hat{\theta} = 2\overline{X}$.

例 2 设 $X_1,X_2,\cdots,X_n$ 是取自任意总体 X 的一个样本,且总体均值 μ 和方差 σ^2 都存在,$\sigma^2 > 0$,试求 μ 和 σ^2 的矩估计量.

解 由题意知

$$\mu_1 = E(X) = \mu,$$
$$\mu_2 = E(X^2) = D(X) + [E(X)]^2 = \sigma^2 + \mu^2,$$
$$A_1 = \frac{1}{n}\sum_{i=1}^{n} X_i = \overline{X}, \quad A_2 = \frac{1}{n}\sum_{i=1}^{n} X_i^2,$$

令 $A_1 = \mu_1, A_2 = \mu_2$,得

$$\begin{cases} \overline{X} = \mu, \\ \frac{1}{n}\sum_{i=1}^{n} X_i^2 = \sigma^2 + \mu^2, \end{cases}$$

解得 μ 和 σ^2 的矩估计量分别为

$$\hat{\mu} = \overline{X}, \quad \hat{\sigma}^2 = \frac{1}{n}\sum_{i=1}^{n}(X_i - \overline{X})^2 = \frac{n-1}{n}S^2.$$

例 3 设总体 X 服从二项分布 $b(m,p)$,其中 m,p 都是未知参数,$X_1,X_2,\cdots,X_n$ 为取自总体 X 的样本,试求 p 的矩估计量.

解 由于

$$\mu_1 = E(X) = mp,$$
$$\mu_2 = E(X^2) = D(X) + [E(X)]^2 = mp(1-p) + (mp)^2,$$
$$A_1 = \frac{1}{n}\sum_{i=1}^{n} X_i = \overline{X}, \quad A_2 = \frac{1}{n}\sum_{i=1}^{n} X_i^2,$$

令 $A_1 = \mu_1, A_2 = \mu_2$,得

$$\begin{cases} \overline{X} = mp, \\ \dfrac{1}{n}\sum_{i=1}^{n} X_i^2 = mp(1-p) + (mp)^2, \end{cases}$$

解方程组得 p 的矩估计量为

$$\hat{p} = 1 + \overline{X} - \frac{1}{n\overline{X}} \sum_{i=1}^{n} X_i^2.$$

7.1.2 最大似然估计法

1. 最大似然估计法的思想

最大似然估计法是点估计中最常用的方法,它是建立在最大似然原理的基础上的一个统计方法. 最大似然原理的直观想法是:一个随机试验如有若干个可能的结果 $A,B,C,\cdots$,若在一次试验中,结果 A 出现,则一般认为试验条件对 A 有利,也即 A 出现的概率很大. 例如,设甲厂和乙厂都生产同一种产品,各 100 件,甲厂生产的 100 个产品中,有 98 个是正品,2 个是次品,乙厂生产的 100 个产品中,有 2 个正品,98 个次品,现随机的从这 200 个产品中抽取一产品,发现是次品,这时我们更多的相信这个次品是由乙厂生产的.

由费希尔引进的最大似然估计法的思想就是:在已经得到实验结果的情况下,应该寻找使这个结果出现的可能性最大的那个 θ 作为 θ 的估计 $\hat{\theta}$.

下面分别就离散型总体和连续型总体情形作具体讨论.

(1) 离散型总体的情形.

设总体 X 的概率分布为 $P\{X=x\}=p(x,\theta)$,其中 θ 为未知参数.

如果 $X_1, X_2, \cdots, X_n$ 是取自总体 X 的样本,样本的观察值为 $x_1, x_2, \cdots, x_n$,则表明随机事件 $\{X_1=x_1, X_2=x_2, \cdots, X_n=x_n\}$ 发生的概率为

$$P\{X_1 = x_1, \cdots, X_n = x_n\} = \prod_{i=1}^{n} P\{X_i = x_i\} = \prod_{i=1}^{n} p(x_i; \theta),$$

记为

$$L(\theta) = L(x_1, x_2, \cdots, x_n; \theta) = \prod_{i=1}^{n} p(x_i; \theta), \tag{7.1.3}$$

这里 $x_1, x_2, \cdots, x_n$ 是已知的样本值,它们是常数,所以 $L(\theta)$ 是 θ 的函数,并称其为样本的**似然函数**.

对于离散型总体,如果样本观测值 $x_1, x_2, \cdots, x_n$ 出现了,从直观上来看,这个随机事件 $\{X_1=x_1, X_2=x_2, \cdots, X_n=x_n\}$ 发生的概率 $P\{X_1=x_1, \cdots, X_n=x_n\}$ 应该很大,所以我们应当选取参数 θ 的值,使这组样本观测值出现的可能性最大,也就是使似然函数 $L(\theta)$ 达到最大值,从而求得参数 θ 的估计值 $\hat{\theta}$. 这种求点估计的方法称为最大似然估计法.

(2) 连续型总体的情形

设总体 X 的概率密度为 $f(x,\theta)$,其中 θ 为未知参数,设 $X_1, X_2, \cdots, X_n$ 是取自总体 X 的样本,则 $X_1, X_2, \cdots, X_n$ 的联合密度为

$$\prod_{i=1}^{n} f(x_i; \theta).$$

对于连续型总体,样本观测值 $x_1, x_2, \cdots, x_n$ 出现的概率总是为 0,但可以用联合概率密度

函数来表示随机变量在观测值附近出现的可能性大小,也将之称为似然函数. 记为

$$L(\theta) = L(x_1, x_2, \cdots, x_n; \theta) = \prod_{i=1}^{n} f(x_i; \theta). \tag{7.1.4}$$

定义 7.1 若对任意给定的样本值 $x_1, x_2, \cdots, x_n$, 存在

$$\hat{\theta} = \hat{\theta}(x_1, x_2, \cdots, x_n),$$

使

$$L(\hat{\theta}) = \max_{\theta} L(\theta),$$

则称 $\hat{\theta} = \hat{\theta}(x_1, x_2, \cdots, x_n)$ 为 θ 的**最大似然估计值**. 称相应的统计量 $\hat{\theta}(X_1, X_2, \cdots, X_n)$ 为 θ **最大似然估计量**. 它们统称为 θ 的**最大似然估计**.

2. 最大似然估计法的一般步骤

求未知参数 θ 的最大似然估计问题, 归结为求似然函数 $L(\theta)$ 的最大值点的问题. 当似然函数关于未知参数可微时, 可利用微分学中求最大值的方法求之. 其主要步骤:

(1) 写出似然函数 $L(\theta) = L(x_1, x_2, \cdots, x_n; \theta)$.

(2) 令 $\dfrac{\mathrm{d}L(\theta)}{\mathrm{d}\theta} = 0$ 或 $\dfrac{\mathrm{d}\ln L(\theta)}{\mathrm{d}\theta} = 0$, 求出驻点.

注: 因函数 $\ln L$ 是 L 的单调增加函数, 且函数 $\ln L(\theta)$ 与函数 $L(\theta)$ 有相同的极值点, 故常转化为求函数 $\ln L(\theta)$ 的最大值点较方便.

(3) 判断并求出最大值点, 在最大值点的表达式中, 用样本值代入就得参数的最大似然估计值.

注: 当似然函数关于未知参数不可微时, 只能按最大似然估计法的基本思想求出最大值点. 上述方法易推广至多个未知参数的情形.

例 4 设 $X_1, X_2, \cdots, X_n$ 是来自几何分布

$$P(X=k) = p(1-p)^{k-1}, \quad k=1, 2, \cdots, \quad 0 < p < 1$$

的样本, 试求未知参数 p 的最大似然估计值.

解 似然函数为 $L(p) = \prod_{i=1}^{n}[(1-p)^{x_i-1}p] = (1-p)^{\sum_{i=1}^{n}x_i - n} p^n$, 取对数, 得

$$\ln L(p) = \left(\sum_{i=1}^{n} x_i - n\right) \ln(1-p) + n \ln p,$$

求导且令

$$\frac{\mathrm{d}L(\theta)}{\mathrm{d}\theta} = \frac{n}{p} - \frac{\sum_{i=1}^{n} x_i - n}{1-p} = 0,$$

得到 p 的最大似然估计值为

$$\hat{p} = \frac{n}{\sum_{i=1}^{n} x_i} = \frac{1}{\bar{x}}.$$

例 5 设总体的概率密度为

$$f(x; \theta) = \begin{cases} \theta x^{\theta-1}, & 0 < x < 1, \\ 0, & \text{其他}, \end{cases}$$

其中参数 $\theta>0$，试用来自总体的样本 $x_1,x_2,\cdots,x_n$，求未知参数 θ 的矩估计量和最大似然估计量.

解 先求矩估计.
$$\mu_1 = E(X) = \int_0^1 \theta x^\theta \mathrm{d}x = \frac{\theta}{\theta+1},$$

令 $A_1 = \overline{X}$，得 θ 的矩估计量为
$$\hat{\theta} = \frac{\overline{X}}{1-\overline{X}}.$$

再求最大似然估计.
似然函数为
$$L(x_1,\cdots,x_n;\theta) = \prod_{i=1}^n \theta x_i^{\theta-1} = \theta^n (x_1\cdots x_n)^{\theta-1},$$

取对数，得
$$\ln L = n\ln\theta + (\theta-1)\sum_{i=1}^n \ln x_i,$$

求导且令
$$\frac{\mathrm{d}L(\theta)}{\mathrm{d}\theta} = \frac{n}{\theta} + \sum_{i=1}^n \ln x_i = 0,$$

θ 的最大似然估计值为
$$\hat{\theta} = -\frac{1}{\frac{1}{n}\sum_{i=1}^n \ln x_i}.$$

所以 θ 的最大似然估计量为
$$\hat{\theta} = -\frac{1}{\frac{1}{n}\sum_{i=1}^n \ln X_i}.$$

例 6 设 $X_1,X_2,\cdots,X_n$ 是正态总体 $N(\mu,\sigma^2)$ 的一个样本，求 μ,σ^2 的最大似然估计量.

解 X 的概率密度为
$$f(x;\mu,\sigma^2) = \frac{1}{\sqrt{2\pi}\sigma} e^{-\frac{(x-\mu)^2}{2\sigma^2}},$$

似然函数为
$$L(\mu,\sigma^2) = \prod_{i=1}^n \left[\frac{1}{\sqrt{2\pi}\sigma} e^{-\frac{(x_i-\mu)^2}{2\sigma^2}}\right] = \frac{1}{(\sqrt{2\pi}\sigma)^n} e^{\frac{\sum_{i=1}^n (x_i-\mu)^2}{2\sigma^2}},$$

取对数得
$$\ln L(\mu) = -\frac{\sum_{i=1}^n (x_i-\mu)^2}{2\sigma^2} - \ln(\sqrt{2\pi}\sigma)^n.$$

令

$$\begin{cases} \dfrac{\partial}{\partial \mu}\ln L = \dfrac{1}{\sigma^2}\left(\sum_{i=1}^{n} x_i - n\mu\right) = 0, \\ \dfrac{\partial}{\partial \sigma^2}\ln L = -\dfrac{n}{2\sigma^2} + \dfrac{1}{2(\sigma^2)^2}\left(\sum_{i=1}^{n} x_i - \mu\right)^2 = 0. \end{cases}$$

解方程组得 μ, σ^2 的最大似然估计值为

$$\hat{\mu} = \dfrac{\sum_{i=1}^{n} x_i}{n} = \bar{x}, \quad \hat{\sigma}^2 = \dfrac{1}{n}\sum_{i=1}^{n}(x_i - \bar{x})^2.$$

因此 μ, σ^2 的最大似然估计量为

$$\hat{\mu} = \dfrac{\sum_{i=1}^{n} X_i}{n} = \bar{X}, \quad \hat{\sigma}^2 = \dfrac{1}{n}\sum_{i=1}^{n}(X_i - \bar{X})^2.$$

它们与相应的矩估计量相同.

例 7 设总体 X 在 $[a,b]$ 上服从均匀分布,a,b 未知,设 $X_1, X_2, \cdots, X_n$ 是总体 X 的样本,求 a,b 的最大似然估计量.

解 X 的概率密度为

$$f(x;a,b) = \begin{cases} \dfrac{1}{b-a}, & a \leqslant x \leqslant b, \\ 0, & \text{其他}. \end{cases}$$

似然函数为

$$L(a,b) = \begin{cases} \dfrac{1}{(b-a)^n}, & a \leqslant x_1, x_2, \cdots, x_n \leqslant b, \\ 0, & \text{其他}. \end{cases}$$

当 $a \leqslant x_1, x_2, \cdots, x_n \leqslant b$,似然函数取对数得

$$\ln L(a,b) = -n\ln(b-a).$$

令

$$\begin{cases} \dfrac{\partial}{\partial a}\ln L = \dfrac{n}{b-a} = 0, \\ \dfrac{\partial}{\partial b}\ln L = -\dfrac{n}{b-a} = 0, \end{cases}$$

此时方程组无解,所以只能用最大似然估计的定义来求.

记 $x_{(1)} = \min\{x_1, x_2, \cdots, x_n\}$,$x_{(n)} = \max\{x_1, x_2, \cdots, x_n\}$,似然函数可以写成

$$L(a,b) = \begin{cases} \dfrac{1}{(b-a)^n}, & a \leqslant x_{(1)}, b \geqslant x_{(n)}, \\ 0, & \text{其他}. \end{cases}$$

显然 $L(a,b) = \dfrac{1}{(b-a)^n} \leqslant \dfrac{1}{(x_{(n)} - x_{(1)})^n}$,即 $L(a,b)$ 在 $a = x_{(1)}, b = x_{(n)}$ 时取到最大值 $(x_{(n)} - x_{(1)})^{-n}$,故 a,b 的最大似然估计值为

$$\hat{a} = x_{(1)} = \min\{x_1, x_2, \cdots, x_n\}, \quad \hat{b} = x_{(n)} = \max\{x_1, x_2, \cdots, x_n\},$$

a,b 的最大似然估计量为

$$\hat{a}=X_{(1)}=\min\{X_1,X_2,\cdots,X_n\}, \quad \hat{b}=X_{(n)}=\max\{X_1,X_2,\cdots,X_n\}.$$

最大似然估计有一个简单而有用的性质:如果 $\hat{\theta}$ 是 θ 的最大似然估计,$\mu=g(\theta)$ 存在单值反函数,则 $g(\theta)$ 的最大似然估计为 $g(\hat{\theta})$,该性质称为最大似然估计的不变性,从而使得具有复杂结构的参数最大似然估计的计算变得容易了. 例如,例6中 σ^2 的最大似然估计量为

$$\hat{\sigma}^2=\frac{1}{n}\sum_{i=1}^{n}(X_i-\overline{X})^2,$$

则 σ 的最大似然估计量为

$$\hat{\sigma}=\sqrt{\frac{1}{n}\sum_{i=1}^{n}(X_i-\overline{X})^2}.$$

7.2 点估计的评价标准

7.1 节介绍了两种求总体分布中未知参数的点估计的方法,可以看到,对于同一个参数,用不同的估计法得到的点估计量不一定相同,那么哪种估计法好呢?为此,应当建立衡量估计量好坏的标准,参数 θ 的所谓"最佳估计量"$\hat{\theta}(x_1,x_2,\cdots,x_n)$ 应当在某种意义下最接近于 θ 的. 下面介绍几个常用的标准.

7.2.1 无偏性

估计量是随机变量,对于不同的样本值会得到不同的估计值. 一个自然的要求是希望估计值在未知参数真值的附近,不要偏高也不要偏低. 由此引入无偏性标准.

定义 7.2 设 $\hat{\theta}(X_1,\cdots,X_n)$ 是未知参数 θ 的估计量,若

$$E(\hat{\theta})=\theta, \tag{7.2.1}$$

则称 $\hat{\theta}$ 为 θ 的**无偏估计量**.

显然,用参数 θ 的无偏估计量 $\hat{\theta}$ 代替参数 θ 时所产生的误差的数学期望为零,在科学技术中 $E(\hat{\theta})-\theta$ 称为 $\hat{\theta}$ 作为 θ 的估计的系统误差. 无偏估计的实际意义就是无系统误差.

对一般总体而言,我们有以下定理成立.

定理 7.1 设 $X_1,\cdots,X_n$ 为取自总体 X 的样本,总体 X 的均值为 μ,方差为 σ^2,则

(1) 样本均值 $\overline{X}$ 是总体均值 μ 的无偏估计量;

(2) 样本方差 $S^2=\dfrac{1}{n-1}\sum_{i=1}^{n}(X_i-\overline{X})^2$ 是总体方差 σ^2 的无偏估计量;

证 (1) 因为样本 $X_1,\cdots,X_n$ 相互独立,且与总体 X 服从相同的分布,所以有

$$E(X_i)=\mu, D(X_i)=\sigma^2, \quad i=1,2,\cdots,n.$$

利用数学期望的性质,得

$$E(\overline{X})=E\left(\frac{1}{n}\sum_{i=1}^{n}X_i\right)=\frac{1}{n}E\left(\sum_{i=1}^{n}X_i\right)=\frac{1}{n}\sum_{i=1}^{n}E(X_i)=\frac{1}{n}\cdot n\mu=\mu.$$

所以,$\overline{X}$ 是 μ 的无偏估计量;$\hat{\mu}=\overline{X}$.

(2) 因为 $S^2=\dfrac{1}{n-1}\sum_{i=1}^{n}(X_i-\overline{X})^2=\dfrac{1}{n-1}\left(\sum_{i=1}^{n}X_i^2-n\overline{X}^2\right)$,所以

$$E(S^2) = E\left[\frac{1}{n-1}\left(\sum_{i=1}^{n} X_i^2 - n\overline{X}^2\right)\right]$$

$$= \frac{1}{n-1}\left[\sum_{i=1}^{n} E(X_i^2) - nE(\overline{X}^2)\right]$$

$$= \frac{1}{n-1}\sum_{i=1}^{n}[D(X_i) + (E(X_i))^2] - \frac{n}{n-1}[D(\overline{X}) + (E(\overline{X}))^2]$$

$$= \frac{1}{n-1}\sum_{i=1}^{n}(\sigma^2 + \mu^2) - \frac{n}{n-1}\left(\frac{\sigma^2}{n} + \mu^2\right) = \sigma^2.$$

7.2.2 有效性

一个参数 θ 常有多个无偏估计,在这些估计量中,自然应选用对 θ 的偏离程度较小的,即一个较好的估计量的方差应该较小. 由此引入评选估计量的另一标准——有效性.

定义 7.3 设 $\hat{\theta}_1 = \hat{\theta}_1(X_1, \cdots, X_n)$ 和 $\hat{\theta}_2 = \hat{\theta}_2(X_1, \cdots, X_n)$ 都是参数 θ 的无偏估计量,若
$$D(\hat{\theta}_1) < D(\hat{\theta}_2),$$
则称 $\hat{\theta}_1$ 较 $\hat{\theta}_2$ 有效.

例 1 设 $X_1, X_2, \cdots, X_n$ 为来自总体 X 的样本,$\overline{X}, X_i (i=1,2,\cdots,n)$ 均为总体均值 $E(X) = \mu$ 的无偏估计量,问哪一个估计量有效?

解 $D(\hat{\mu}_1) = D(\overline{X}) = \dfrac{\sigma^2}{n}, D(\hat{\mu}_2) = D(X_i) = \sigma^2$,显然,只要 $n > 1$,$\hat{\mu}_1$ 比 $\hat{\mu}_2$ 有效,这表明,用全部数据的平均估计总体均值比只使用部分数据更有效.

例 2 设 X_1, X_2, X_3, X_4 是总体 X 的样本,且总体 X 服从参数为 θ 的指数分布,其中 θ 未知,设有估计量
$$T_1 = \frac{1}{6}(X_1 + X_2) + \frac{1}{3}(X_3 + X_4),$$
$$T_2 = \frac{1}{5}(X_1 + 2X_2 + 3X_3 + 4X_4),$$
$$T_3 = \frac{1}{4}(X_1 + X_2 + X_3 + X_4).$$

(1) 指出 T_1, T_2, T_3 中哪几个是 θ 的无偏估计量;

(2) 在上述 θ 的无偏估计中指出哪一个较为有效?

解 (1) 由于 X_i 服从参数为 θ 的指数分布,所以
$$E(X_i) = \theta, \quad D(X_i) = \theta^2, \quad i = 1, 2, 3, 4,$$
由数学期望的性质,有
$$E(T_1) = \frac{1}{6}[E(X_1) + E(X_2)] + \frac{1}{3}[E(X_3) + E(X_4)] = \theta,$$
$$E(T_2) = \frac{1}{5}[E(X_1) + 2E(X_2) + 3E(X_3) + 4E(X_4)] = 2\theta,$$
$$E(T_3) = \frac{1}{4}[E(X_1) + E(X_2) + E(X_3) + E(X_4)] = \theta,$$
即 T_1, T_3 是 θ 的无偏估计量.

(2) 由方差的性质,并注意到 X_1,X_2,X_3,X_4 独立,知

$$D(T_1)=\frac{1}{36}[D(X_1)+D(X_2)]+\frac{1}{9}[D(X_3)+D(X_4)]=\frac{5}{18}\theta^2,$$

$$D(T_3)=\frac{1}{16}[D(X_1)+D(X_2)+D(X_3)+D(X_4)]=\frac{1}{4}\theta^2.$$

所以 $D(T_1)>D(T_3)$,从而 T_3 较为有效.

7.2.3 相合性

我们不仅希望一个估计量是无偏的,并且具有较小的方差,还希望当样本容量无限增大时,估计量能在某种意义下任意接近未知参数的真值,由此引入相合性(一致性)的评价标准.

定义 7.4 设 $\hat{\theta}=\hat{\theta}(X_1,\cdots,X_n)$ 为未知参数 θ 的估计量,若 $\hat{\theta}$ 依概率收敛于 θ,即对任意 $\varepsilon>0$,有

$$\lim_{n\to\infty}P\{|\hat{\theta}-\theta|<\varepsilon\}=1,$$

或

$$\lim_{n\to\infty}P\{|\hat{\theta}-\theta|\geqslant\varepsilon\}=0,$$

则称 $\hat{\theta}$ 为 θ 的**相合估计量**.

例如,由第 6 章知,样本 $k(k\geqslant 1)$ 阶矩是总体 X 的 k 阶矩 $\mu_k=E(X^k)$ 的相合估计量,进而若待估参数 $\theta=g(\mu_1,\mu_2,\cdots,\mu_k)$,其中 g 为连续函数,则 θ 的矩估计量 $\hat{\theta}=g(\hat{\mu}_1,\hat{\mu}_2,\cdots,\hat{\mu}_k)=g(A_1,A_2,\cdots,A_n)$ 是 θ 的相合估计量.

由最大似然估计法得到的估计量,在一定条件下也具有相合性.

相合性是对一个估计量的基本要求,若估计量不具有相合性,那么不论将样本容量 n 取多么大,都不能将 θ 估计得足够准确,这样的估计量是不可取的.

7.3 置信区间

前面讨论了参数的点估计,它是用样本算出的一个值去估计未知参数,即点估计值仅是未知参数的一个近似值,它没有给出这个近似值的误差范围. 点估计方法不能回答估计量的可靠度与精度问题,不知道点估计值与总体参数的真值接近程度.

若能给出一个估计区间,让我们能以较大把握来相信参数的真值被含在这个区间内,这样的估计就是所谓的区间估计. 下面介绍区间估计的概念、方法,并重点讲述正态总体下参数的区间估计.

7.3.1 置信区间的概念

定义 7.5 $X_1,X_2,\cdots,X_n$ 是取自总体 X 的一个样本,设 θ 为未知参数,对给定的数 $1-\alpha$ ($0<\alpha<1$),若存在统计量

$$\underline{\theta}=\underline{\theta}(X_1,X_2,\cdots,X_n),\quad \bar{\theta}=\bar{\theta}(X_1,X_2,\cdots,X_n),$$

使得

$$P\{\underline{\theta}<\theta<\bar{\theta}\}=1-\alpha, \tag{7.3.1}$$

则称随机区间 $(\underline{\theta},\bar{\theta})$ 为 θ 的置信水平为 $1-\alpha$ 的**置信区间**，称 $1-\alpha$ 为**置信度**(**置信水平**)，又分别称 $\underline{\theta}$ 与 $\bar{\theta}$ 为 θ 的**置信下限**与**置信上限**.

如果取 $1-\alpha=0.95$，那么 $(\underline{\theta},\bar{\theta})$ 为 θ 的置信水平为 0.95 的置信区间，其含义是：重复抽样多次，得到多个样本值 $(x_1,x_2,\cdots,x_n)$，对应每个样本值确定一个置信区间 $(\underline{\theta},\bar{\theta})$，每个区间要么包含了 θ 的真值，要么不包含 θ 的真值. 比如重复抽样 100 次，则其中大约有 95 个区间包含 θ 的真值，大约有 5 个区间不包含 θ 的真值.

7.3.2 单个正态总体参数的置信区间

正态总体是最常见的分布，下面我们讨论它的两个参数的置信区间.

1. σ 已知时，μ 的置信区间

设总体 $X\sim N(\mu,\sigma^2)$，其中 σ^2 已知，而 μ 为未知参数，$X_1,X_2,\cdots,X_n$ 是取自总体 X 的一个样本. 求 μ 的置信水平为 $1-\alpha$ 的置信区间.

我们知道 $\bar{X}$ 是 μ 的无偏估计，且有

$$\frac{\bar{X}-\mu}{\sigma/\sqrt{n}}\sim N(0,1).$$

$\dfrac{\bar{X}-\mu}{\sigma/\sqrt{n}}$ 所服从的分布 $N(0,1)$ 不依赖于任何未知参数，按标准正态分布的上 α 分位点的定义，如图 7.1 所示，有

$$P\left\{\left|\frac{\bar{X}-\mu}{\sigma/\sqrt{n}}\right|<z_{\alpha/2}\right\}=1-\alpha,$$

即

$$P\left\{\bar{X}-\frac{\sigma}{\sqrt{n}}z_{\alpha/2}<\mu<\bar{X}+\frac{\sigma}{\sqrt{n}}z_{\alpha/2}\right\}=1-\alpha,$$

这样就得到了 μ 的一个置信水平为 $1-\alpha$ 置信区间

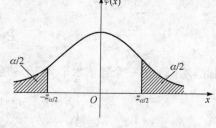

图 7.1

$$\left(\bar{X}-\frac{\sigma}{\sqrt{n}}z_{\alpha/2},\bar{X}+\frac{\sigma}{\sqrt{n}}z_{\alpha/2}\right). \tag{7.3.2}$$

例 1 有一大批螺丝钉，现从中随机地取 16 个，测得其长度为(单位：cm)：

2.23, 2.21, 2.20, 2.24, 2.22, 2.25, 2.21, 2.24,
2.25, 2.23, 2.25, 2.21, 2.24, 2.23, 2.25, 2.22

设螺丝钉的长度服从正态分布 $N(\mu,\sigma^2)$，其中 $\sigma=0.01$，试求(1)总体均值 μ 的 90% 置信区间；(2)总体均值 μ 的 99% 置信区间.

解 $\bar{x}=2.23,n=16,\sigma=0.01$.

(1) 对置信水平 $1-\alpha=0.9$ 时，查标准正态分布表得 $z_{\alpha/2}=z_{0.05}=1.645$，由(7.3.2)式得均值 μ 的置信水平为 90% 的置信区间为

$$\left(\bar{x}-\frac{\sigma}{\sqrt{n}}z_{\alpha/2},\bar{x}+\frac{\sigma}{\sqrt{n}}z_{\alpha/2}\right)=\left(2.23-\frac{0.01}{\sqrt{16}}\times 1.645,2.23+\frac{0.01}{\sqrt{16}}\times 1.645\right)$$

$$\approx(2.226,2.234).$$

(2) 此处 $1-\alpha=0.99, \alpha=0.01$,查表知 $z_{\alpha/2}=z_{0.025}=2.576$,所以均值 μ 的置信水平为 99% 的置信区间为

$$\left(2.23-\frac{0.01}{\sqrt{16}}\times 2.576, 2.23+\frac{0.01}{\sqrt{16}}\times 2.576\right)\approx(2.2246, 2.2364).$$

由此例可知,在样本容量 n 固定时,当置信水平较大时,置信区间长度较大,即区间估计精度减低;当置信水平较小时,置信区间长度较小,区间估计精度提高.

2. σ 未知时,μ 的置信区间

设总体 $X \sim N(\mu,\sigma^2)$,其中 μ,σ^2 未知,$X_1,X_2,\cdots,X_n$ 是取自总体 X 的一个样本.

此时可用 σ^2 的无偏估计 S^2 代替 σ^2,构造统计量

$$T=\frac{\overline{X}-\mu}{S/\sqrt{n}},$$

由 6.2 节的定理 6.3 知

$$T=\frac{\overline{X}-\mu}{S/\sqrt{n}}\sim t(n-1).$$

如图 7.2 所示,由 t 分布的上 α 分位点,有

$$P\left\{-t_{\alpha/2}(n-1)<\frac{\overline{X}-\mu}{S/\sqrt{n}}<t_{\alpha/2}(n-1)\right\}=1-\alpha,$$

即

$$P\left\{\overline{X}-t_{\alpha/2}(n-1)\cdot\frac{S}{\sqrt{n}}<\mu<\overline{X}+t_{\alpha/2}(n-1)\cdot\frac{S}{\sqrt{n}}\right\}=1-\alpha,$$

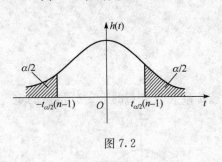

图 7.2

因此,均值 μ 的一个置信水平为 $1-\alpha$ 的置信区间为

$$\left(\overline{X}-t_{\alpha/2}(n-1)\cdot\frac{S}{\sqrt{n}}, \overline{X}+t_{\alpha/2}(n-1)\cdot\frac{S}{\sqrt{n}}\right). \tag{7.3.3}$$

例 2 某种零件质量服从正态分布 $N(\mu,\sigma^2)$,其中 μ,σ^2 未知,先从中抽取容量为 16 的样本,样本观测值为(单位:kg)

    4.8 4.7 5.0 5.2 4.7 4.9 5.0 5.0
    4.6 4.7 5.0 5.1 4.7 4.5 4.9 4.9

求零件质量均值 μ 的置信水平为 95% 的置信区间.

解 $\overline{x}=4.856, s^2=\frac{1}{n-1}\sum_{i=1}^{n}(x_i-\overline{x})^2=(0.193)^2.$

置信水平 $1-\alpha=0.95$ 时,$\alpha=0.05$,查表得 $t_{\alpha/2}(n-1)=t_{0.025}(15)=2.1315$,由 (7.3.3) 式得 μ 的置信水平为 95% 的置信区间为

$$\left(\overline{x}\pm\frac{s}{\sqrt{n}}t_{0.025}(n-1)\right)=\left(4.856\pm\frac{0.193}{\sqrt{16}}\times 2.1315\right)=(4.753, 4.959).$$

这就是说零件质量的均值在 4.753kg 与 4.959kg 之间,这个估计的可信程度为 95%,若以此区间内任一值作为 μ 的近似值,其误差不大于 $\frac{0.193}{\sqrt{16}}\times 2.1315\times 2=0.206$kg,这个误差估计的可信程度为 95%.

3. μ 未知时,σ^2 的置信区间

设总体 $X \sim N(\mu, \sigma^2)$,其中 μ, σ^2 未知,$X_1, X_2, \cdots, X_n$ 是取自总体 X 的一个样本. 求方差 σ^2 的置信度为 $1-\alpha$ 的置信区间.

由于 σ^2 的无偏估计为 S^2,且有

$$\frac{n-1}{\sigma^2}S^2 \sim \chi^2(n-1),$$

如图 7.3 所示,由 χ^2 分布的上 α 分位点,有

$$P\left\{\chi^2_{1-\alpha/2}(n-1) < \frac{n-1}{\sigma^2}S^2 < \chi^2_{\alpha/2}(n-1)\right\} = 1-\alpha,$$

即

$$P\left\{\frac{(n-1)S^2}{\chi^2_{\alpha/2}(n-1)} < \sigma^2 < \frac{(n-1)S^2}{\chi^2_{1-\alpha/2}(n-1)}\right\} = 1-\alpha,$$

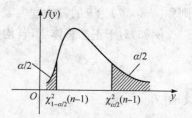

图 7.3

于是方差 σ^2 的一个置信水平为 $1-\alpha$ 的置信区间为

$$\left(\frac{(n-1)S^2}{\chi^2_{\alpha/2}(n-1)}, \frac{(n-1)S^2}{\chi^2_{1-\alpha/2}(n-1)}\right), \tag{7.3.4}$$

而方差 σ 的一个置信水平为 $1-\alpha$ 的置信区间为

$$\left(\sqrt{\frac{(n-1)S^2}{\chi^2_{\alpha/2}(n-1)}}, \sqrt{\frac{(n-1)S^2}{\chi^2_{1-\alpha/2}(n-1)}}\right). \tag{7.3.5}$$

注意:(1) 当分布不对称时,如 χ^2 分布,为了计算方便,习惯上仍取其对称的分位数来确定置信区间,但所得区间不是最短的.

(2) 在实际问题中,σ^2 未知时,μ 已知的情况是极为罕见的,所以只在 μ 未知的条件下,讨论 σ^2 的置信区间.

例 3 某种岩石密度的测量误差 $X \sim N(\mu, \sigma^2)$,取样本值 12 个,得样本方差 $s^2 = 0.04$,求 σ^2 的置信水平为 0.90 的置信区间.

解 置信水平 $1-\alpha = 0.9$ 时,$\alpha = 0.05$,查表得 $\chi^2_{\alpha/2}(n-1) = \chi^2_{0.05}(11) = 19.675$,$\chi^2_{1-\alpha/2}(n-1) = \chi^2_{0.95}(11) = 4.575$.

由(7.3.4)式得 σ^2 的置信水平为 0.90 的置信区间为

$$\left(\frac{(n-1)S^2}{\chi^2_{\alpha/2}(n-1)}, \frac{(n-1)S^2}{\chi^2_{1-\alpha/2}(n-1)}\right) = \left(\frac{11 \times 0.04}{19.675}, \frac{11 \times 0.04}{4.575}\right) = (0.0224, 0.0962).$$

7.4 单侧置信区间

前面讨论的置信区间 $(\underline{\theta}, \overline{\theta})$ 称为双侧置信区间,但在有些实际问题中,如对于设备、元件的寿命,平均寿命长是我们所希望的,我们关心的是平均寿命 θ 的下限;与之相反,在考虑化学药品中杂质含量的均值 μ 时,我们常关心参数 μ 的上限. 这就引出了单侧置信区间的概念.

定义 7.6 设 θ 为总体分布的未知参数,$X_1, X_2, \cdots, X_n$ 是取自总体 X 的一个样本,对给定的数 $1-\alpha (0 < \alpha < 1)$,若存在统计量

$$\underline{\theta} = \underline{\theta}(X_1, X_2, \cdots, X_n),$$

满足
$$P\{\underline{\theta}<\theta\}=1-\alpha, \qquad (7.4.1)$$
则称$(\underline{\theta},+\infty)$为$\theta$的置信度为$1-\alpha$的**单侧置信区间**,称$\underline{\theta}$为$\theta$的**单侧置信下限**;若存在统计量
$$\bar{\theta}=\bar{\theta}(X_1,X_2,\cdots,X_n),$$
满足
$$P\{\theta<\bar{\theta}\}=1-\alpha, \qquad (7.4.2)$$
则称$(-\infty,\bar{\theta})$为θ的置信度为$1-\alpha$的**单侧置信区间**,称$\bar{\theta}$为θ的**单侧置信上限**.

例如,对于正态总体X,若均值μ,方差σ^2均未知,设$X_1,X_2,\cdots,X_n$是一个样本,由
$$T=\frac{\bar{X}-\mu}{S/\sqrt{n}}\sim t(n-1).$$
如图7.4所示,
$$P\left\{\frac{\bar{X}-\mu}{S/\sqrt{n}}<t_\alpha(n-1)\right\}=1-\alpha,$$
即
$$P\left\{\mu>\bar{X}-t_\alpha(n-1)\cdot\frac{S}{\sqrt{n}}\right\}=1-\alpha,$$
于是得到μ的置信水平为$1-\alpha$的单侧置信区间为
$$\left(\bar{X}-t_\alpha(n-1)\cdot\frac{S}{\sqrt{n}},+\infty\right). \qquad (7.4.3)$$
又由
$$\frac{n-1}{\sigma^2}S^2\sim\chi^2(n-1),$$
如图7.5所示,

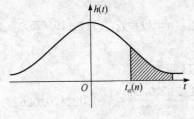

图7.4

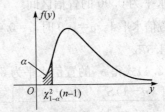

图7.5

$$P\left\{\frac{n-1}{\sigma^2}S^2>\chi^2_{1-\alpha}(n-1)\right\}=1-\alpha,$$
即
$$P\left\{\sigma^2<\frac{(n-1)S^2}{\chi^2_{1-\alpha}(n-1)}\right\}=1-\alpha,$$
于是方差σ^2的置信水平为$1-\alpha$的单侧置信区间为
$$\left(\frac{(n-1)S^2}{\chi^2_{\alpha/2}(n-1)},\frac{(n-1)S^2}{\chi^2_{1-\alpha/2}(n-1)}\right). \qquad (7.4.4)$$

例 从一批灯泡中随机地取 5 只做寿命试验,测得寿命(以小时计)为

$$1050 \quad 1100 \quad 1120 \quad 1250 \quad 1280$$

设灯泡寿命服从正态分布 $N(\mu,\sigma^2)$,其中 μ,σ^2 未知,求灯泡寿命平均值 μ 的置信水平为 95% 的单侧置信下限.

解 $\bar{x}=1160, s^2 = \dfrac{1}{n-1}\sum_{i=1}^{n}(x_i-\bar{x})^2 = 9950.$

置信水平 $1-\alpha=0.95$ 时,$\alpha=0.05$,查表得 $t_\alpha(n-1)=t_{0.05}(4)=2.1318$,由 (7.4.3) 式得 μ 的置信水平为 95% 的单侧置信区间为

$$\left(\bar{x}-\frac{s}{\sqrt{n}}t_{0.05}(n-1), +\infty\right) = (1065, +\infty).$$

所以单侧置信下限为 $\underline{\mu}=1065$.

习 题

1. 随机地取 8 只活塞环,测得它们的直径为(以 mm 计)

   74.001　74.005　74.003　74.001　74.000　73.998　74.006　74.002

   求总体均值 μ 及方差 σ^2 的矩估计,并求样本方差 S^2.

2. 设 $X_1, X_2, \cdots, X_n$ 是取自总体 X 的一个样本,求下列各总体的密度函数或分布律中的未知参数的矩估计量.

   (1) $f(x)=\begin{cases} \theta c^\theta x^{-(\theta+1)}, & x>c, \\ 0, & \text{其他}, \end{cases}$ 其中 $c>0$ 为已知,$\theta>1,\theta$ 为未知参数.

   (2) $f(x)=\begin{cases} \sqrt{\theta}x^{\sqrt{\theta}-1}, & 0\leqslant x\leqslant 1 \\ 0, & \text{其他}, \end{cases}$ 其中 $\theta>1,\theta$ 为未知参数.

   (3) $P(X=x)=\binom{m}{x}p^x(1-p)^{m-x}, x=0,1,2,\cdots,m, 0<p<1, p$ 为未知参数.

3. 求题 2 中各未知参数的最大似然估计量.

4. 设总体 X 的概率密度为 $f(x,\theta)=\begin{cases} \dfrac{1}{\theta}\mathrm{e}^{-\frac{x}{\theta}}, & x\geqslant 0, \\ 0, & x<0, \end{cases}$ 其中 $\theta>0$, $X_1, X_2, \cdots, X_n$ 是取自总体 X 的一个样本,(1) 求 $E(X)$;(2) 求未知参数 θ 的矩估计 $\hat{\theta}$.

5. 设总体 X 的密度函数为 $f(x)=\begin{cases} (\alpha+1)x^\alpha, & 0<x<1, \\ 0, & \text{其他}. \end{cases}$ 样本观察值为 $x_1, x_2, \cdots, x_n$,试求参数 α 的最大似然估计值.

6. 设 $X_1, X_2, \cdots, X_n$ 是来自参数为 λ 的泊松分布总体的一个样本,试求 λ 的最大似然估计量及矩估计量.

7. 设总体 X 在区间 $[0,\beta]$ 上服从均匀分布,现取得样本值为 1.7, 0.6, 1.2, 2, 0.5,试用最大似然估计参数 β.

8. 设某种元件的使用寿命 X 密度函数为

$$f(x)=\begin{cases}2e^{-2(x-\theta)}, & x>0,\\ 0, & \text{其他},\end{cases}$$

其中 $\theta>0$，又 $x_1,x_2,\cdots,x_n$ 为样本 X 的一组观测值，求 θ 的最大似然估计量．

9. 设总体 X 具有分布律

X	1	2	3
p_k	θ^2	$2\theta(1-\theta)$	$(1-\theta)^2$

其中 $\theta, 0<\theta<1$ 为未知参数．已知取得了样本值 $x_1=1, x_2=2, x_3=1$，试求 θ 的矩估计值和最大似然估计值．

10. 设总体 $X\sim N(\mu,\sigma^2)$，$X_1,X_2,\cdots,X_n$ 是取自总体 X 的一个样本，试确定常数 c 使 $c\sum_{i=1}^{n-1}(X_{i+1}-X_i)^2$ 为 σ^2 的无偏估计．

11. 设 $X_1,X_2,\cdots,X_n$ 是泊松总体 $X\sim\pi(\lambda)$ 的样本，α 为常数，设有统计量

$$\overline{X}=\frac{1}{n}\sum_{i=1}^{n}X_i,\quad S^2=\frac{1}{n-1}\sum_{i=1}^{n}(X_i-\overline{X})^2,\quad \alpha\overline{X}+(1-\alpha)S^2.$$

判断下列统计量中哪些是参数 λ 的无偏估计量．

12. 设 X_1,X_2,X_3 是总体 X 的样本，且总体 X 的均值为 μ，方差为 σ^2，设有估计量

$$T_1=\frac{1}{2}X_1+\frac{1}{3}X_2+\frac{1}{6}X_3,$$

$$T_2=\frac{1}{2}X_1+\frac{1}{3}X_2+\frac{1}{4}X_3,$$

$$T_3=\frac{1}{3}(X_1+X_2+X_3).$$

(1) 指出 T_1,T_2,T_3 哪几个是 μ 的无偏估计量；

(2) 在上述 μ 的无偏估计中指出哪一个较为有效？

13. 设总体 $X\sim N(\mu,0.01^2)$，现取得样本容量为 $n=16$，算得样本均值为 $\bar{x}=2.125$，试求总体均值 μ 的置信度为 $\alpha=0.1$ 的置信区间．$z_{0.05}=1.645$．

14. 设某种清漆的 9 个样品，其干燥时间（以小时计）分别为

6.0　5.7　5.8　6.5　7.0　6.3　5.6　6.1　5.0

设干燥时间总体服从正态分布 $N(\mu,\sigma^2)$，求 μ 的置信度为 0.95 的置信区间．(1)若由以往经验知 $\sigma=0.6$（小时）(2)若 σ 为未知．

15. 某厂用自动包装机包装大米，每包大米的质量 $X\sim N(\mu,\sigma^2)$，现从包装好的大米中随机抽取 9 袋，测得每袋的平均质量 $\bar{x}=100$，样本方差 $s^2=0.09$，求每袋大米平均质量 μ 的置信度为 $\alpha=0.05$ 的置信区间．$(t_{0.025}(8)=2.306)$

16. 设某行业的一项经济指标服从正态分布 $N(\mu,\sigma^2)$，其中 μ,σ^2 均未知．今获取了该指标的 9 个数据作为样本，并算得样本均值 $\bar{x}=56.93$，样本方差 $s^2=(0.93)^2$．求 μ 的置信度为 95% 的置信区间．

17. 某厂某种产品的寿命 $X\sim N(\mu,\sigma^2)$，现对产品的寿命的稳定性进行测试，从产品中抽出 30 件，测得平均寿命为 $\bar{x}=1500$ 小时，样本方差为 $s^2=500^2$，试估计产品标准差 σ 的 95% 的

置信区间.

18. 随机地取某种炮弹 9 发做试验,得炮弹口速度的样本标准差为 $s=11\text{m/s}$. 设炮口速度服从正态分布 $N(\mu,\sigma^2)$. 求这种炮弹的炮口速度的标准差 σ 的置信度为 0.95 的置信区间.

19. 投资的年回报率的方差常常用来衡量投资的风险,随机地调查 26 个年回报率(%),得样本标准差 $S=15$,设年回报率服从正态分布,求它的方差的置信水平为 0.95 的置信区间.

20. 求 14 题中 μ 的置信水平为 0.95 的单侧置信上限.

21. 假设总体 $X \sim N(\mu,\sigma^2)$,从总体 X 中抽取容量为 10 的一个样本,算得样本均值 $\bar{x}=41.3$,样本标准差 $S=1.05$,求未知参数 μ 的置信水平为 0.95 的单侧置信区间的下限.

第 8 章 假设检验

第 7 章我们讨论了对总体参数的估计问题,即是对样本进行适当的加工,以推断出参数的估计值(或置信区间). 统计推断的另一类重要问题是假设检验问题. 假设检验也是数理统计的重要内容之一. 本章主要介绍假设检验的基本概念以及检验问题.

8.1 假设检验的基本思想和概念

首先我们必须弄清楚假设检验是解决什么类型的问题? 如何来解决这种类型的问题? 这样解决所依据的概率原理是什么? 下面先结合例子来说明假设检验的基本思想和做法.

8.1.1 假设检验的基本思想

假设检验是先假设总体具有某种特征(如总体的参数为多少),然后再通过对样本的加工,即构造统计量,推断出假设的结论是否合理. 从纯粹逻辑上考虑,似乎对参数的估计与对参数的检验不应有实质性的差别,犹如说:"求某方程的根"与"验证某数是否是某方程的根"这两个问题不会得出矛盾的结论一样. 但从统计的角度看参数估计和假设检验,这两种统计推断是不同的,它们不是简单的"计算"和"验算"的关系. 假设检验有它独特的统计思想,也就是说引入假设检验是完全必要的. 我们来考虑下面的例子.

例 1 某厂有一批产品共 200 件,必须检验合格才能出厂. 按国家标准,次品率不得超过 0.01,今从产品中任取 5 件,发现这 5 件中有次品,问这批产品能否出厂?

这个问题就是如何根据抽样结果来检验这批产品的次品率 $p \leqslant 0.01$ 是否成立?

分析:假设 $p \leqslant 0.01$ 是成立的,则在 200 件产品中至多有两件次品. 令 A_i 表示"200 件产品中有 i 件次品",$i=0,1,2$. A 表示"从 200 件产品中任取 5 件有次品",则 $\overline{A}$ 表示"从 200 件产品中任取 5 件无次品",从而

$$P(\overline{A}|A_i) = \frac{C_{200-i}^5}{C_{200}^5}, \quad i=0,1,2,$$

显然,

$$P(\overline{A}) \geqslant P(\overline{A}|A_2) = \frac{C_{198}^5}{C_{200}^5} > 0.95,$$

所以

$$P(A) = 1 - P(\overline{A}) < 0.05.$$

结果表明:如果"$p \leqslant 0.01$"成立,则从产品中任意抽取 5 件,发现有次品的可能性是很小的. 也可以认为,在一次抽样中是不可能发生的. 然而,现在的事实是在一次抽样中竟然遇到了次品. 这种"不合理"的现象不能不使我们对原来的假设"$p \leqslant 0.01$"产生怀疑. 可以认为原假设与实际不相符. 因此,我们有理由拒绝这批产品出厂. 注意:这里用的是"合理"一词,而不是"正确",粗略地说就是"认为 $p \leqslant 0.01$"能否说得过去.

例 2 某厂在正常情况下生产的电灯泡的使用寿命 X(单位:h)服从正态分布 $N(1600, 80^2)$,

从该厂生产的一批灯泡中随机抽取 10 个灯泡,测得他们的寿命如下:

$$1450,\ 1480,\ 1640,\ 1610,\ 1500,$$
$$1600,\ 1420,\ 1530,\ 1700,\ 1550.$$

如果标准差不变,能否认为该厂生产的这批电灯泡的使用寿命均值为 1600h?

分析:假设这天工厂的生产正常,我们的任务就是能否根据样本值来判断 $\mu=1600$ 还是 $\mu\neq\mu_0$. 为此,我们提出两个假设: $H_0:\mu=\mu_0=1600$ 和 $H_1:\mu\neq\mu_0$.

现在通过样本值来考察在假设成立的条件下会发生什么样的结果. 由于要检验的假设涉及总体均值 μ,因此首先想到是否可以借助于样本均值 $\overline{X}$ 这一统计量来进行判断. 我们知道样本均值 $\overline{X}=\dfrac{1}{n}\sum\limits_{i=1}^{n}X_i$ 为 μ 的无偏估计量,所以自然会想到用样本平均值 $\overline{X}$ 去进行判断. 因此,要考虑偏差 $|\overline{X}-1600|$ 的大小,当 H_0 为真时, $|\overline{X}-1600|$ 应很小. 当 $|\overline{X}-1600|$ 过分大时,就有理由怀疑 H_0 的正确性而拒绝 H_0,而 $|\overline{X}-1600|$ 是随机变量,由抽样分布的结论,知

$$\frac{\overline{X}-\mu_0}{\sigma/\sqrt{n}}\sim N(0,1), \tag{8.1.1}$$

而衡量 $|\overline{X}-1600|$ 的大小可归结为衡量 $\dfrac{|\overline{x}-\mu_0|}{\sigma/\sqrt{n}}$ 的大小. 基于上面的想法,可以适当选定一正数 k,使当观察值 $\overline{x}$ 满足 $\dfrac{|\overline{x}-\mu_0|}{\sigma/\sqrt{n}}\geq k$ 时就拒绝 H_0,反之,若 $\dfrac{|\overline{x}-\mu_0|}{\sigma/\sqrt{n}}<k$ 时就拒绝 H_0. 由标准正态分布分位点的定义得(图 8.1),对于给定的很小的数 $\alpha(0<\alpha<1)$,一般取 $\alpha=0.01,0.05$. 若取 $\alpha=0.05$,考虑

$$P\left\{\frac{|\overline{x}-\mu_0|}{\sigma/\sqrt{n}}\geq z_{\alpha/2}\right\}=\alpha, \tag{8.1.2}$$

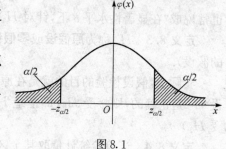

图 8.1

而事件

$$\frac{|\overline{x}-\mu_0|}{\sigma/\sqrt{n}}\geq z_{\alpha/2} \tag{8.1.3}$$

是一个小概率事件,我们认为小概率事件在一次试验中几乎不可能发生.

又 $z_{\alpha/2}=z_{0.025}=1.96$,而

$$\overline{x}=\frac{1}{10}(1450+1480+1640+1610+1500+1600+1420+1530+1700+1550)=1548,$$

$$\frac{|\overline{x}-1600|}{80/\sqrt{10}}=\frac{1548-1600}{80/\sqrt{10}}=2.06\geq 1.96.$$

这也就是说,在假设 $H_0:\mu=\mu_0=1600$ 成立的条件下,在一次抽样中小概率事件竟然发生了的了. 从而,可以推断认为抽样检查的结果与原假设不符合,从而不能不使人怀疑原假设的正确性. 因此,我们有理由拒绝假设 H_0,即该厂生产的这批电灯泡的使用寿命均值不等于 1600h.

假设检验的基本思想是:依据"小概率事件在一次试验中是不可能发生的"原理,运用"反证法"的方法,先令假设成立,看由此会导出一个什么样的后果,如果导出一个"不合理"的现

象,则认为假设 H_0 不能成立,如果没有导出"不合理"的现象,则认为假设 H_0 是成立的.

8.1.2 假设检验的概念

在例 2 中所采用的检验法是符合实际推断原理的. 选定 α 后,数 k 就可以确定,然后按照统计量 $Z=\dfrac{\overline{X}-\mu_0}{\sigma/\sqrt{n}}$ 的观察值得绝对值 $|z|$ 大于等于 k 还是小于 k 来作出决策. 数 k 是检验上述假设的一个门槛. 如果 $|z|=\dfrac{\overline{x}-\mu_0}{\sigma/\sqrt{n}}\geqslant k$,则称 $\overline{x}$ 与 μ_0 的差异是显著的,这时拒绝 H_0;反之,如果 $|z|=\dfrac{\overline{x}-\mu_0}{\sigma/\sqrt{n}}<k$,则称 $\overline{x}$ 与 μ_0 的差异是不显著的,这时接受 H_0.

定义 8.1 数 α 称为**显著性水平**.

上面的关于 $\overline{x}$ 与 μ_0 的有无显著差异的判断是在显著性水平 α 之下作出的.

定义 8.2 统计量 $Z=\dfrac{\overline{X}-\mu_0}{\sigma/\sqrt{n}}$ 称为**检验统计量**.

前面的检验问题通常叙述成:在显著性水平 α 下,检验假设

$$H_0:\mu=\mu_0,\quad H_1:\mu\neq\mu_0. \tag{8.1.4}$$

也常说成"在显著性水平 α 下,针对 H_1 检验 H_0".

定义 8.3 H_0 称为**原假设**或**零假设**,H_1 称为**备择假设**(意指在原假设被拒绝后可供选择的假设).

实际上,假设检验的目的就是在原假设 H_0 与备择假设 H_1 之间选择一个:如果认为原假设 H_0 是正确的,则接受 H_0(即拒绝 H_1);如果认为原假设 H_0 是不正确的,则拒绝 H_0(即接受 H_1).

定义 8.4 当检验统计量取某个区域 C 中的值时,拒绝原假设 H_0,则称区域 C 为**拒绝域**,拒绝域的边界点称为**临界点**.

如上例中拒绝域为 $|z|\geqslant z_{\alpha/2}$,而 $z=-z_{\alpha/2}$,$z=z_{\alpha/2}$ 为临界点.

值得注意的是,上述所谈沦的"反证法"与纯粹数学中的反证法是有区别的. 在证明的过程中的所谓"不合理"现象,并不是形式逻辑中绝对的矛盾,我们对假设的肯定与否定是带有概率性质的. 这是因为我们依据的是,"小概率事件在一次试验中是不可能发生的"原则,并不等于小概率事件在一次试验中绝对不发生. 因此,在我们进行假设检验的过程中,有可能作出错误的决策.

定义 8.5 在假设 H_0 实际上为真时,我们可能犯拒绝 H_0 的错误,称这类"弃真"的错误为**犯第一类错误**. 犯这类错误的概率记为 $P\{$当 H_0 为真时拒绝 $H_0\}$ 或 $P_{\mu\in H_0}\{$拒绝 $H_0\}$. 在假设 H_0 实际上不真时,我们可能犯接受 H_0 的错误. 称这类"取伪"的错误为**犯第二类错误**. 犯这类错误的概率记为 $P\{$当 H_0 不真时接受 $H_0\}$ 或 $P_{\mu\notin H_0}\{$接受 $H_0\}$.

由前面的讨论知,α 正是犯第一类错误的概率,即

$$P\{\text{当 } H_0 \text{ 为真时拒绝 } H_0\}=\alpha. \tag{8.1.5}$$

所以当我们否定假设 H_0 时,是冒着犯第一类错误的风险的. 另一方面,若用 β 表示犯第二类错误的概率,则当接受 H_0 时,也要冒着概率为 β 的风险. 我们总希望 α,β 同时小,但当样本容量固定时,α,β 同时小是不可能的;只有当样本容量无穷大时,α,β 才能同时为无穷小,而这都

是不实际的. 在假设检验中,往往比较重视研究犯第一类错误的概率.

定义 8.6 在假设检验中,只对犯第一类错误的概率加以控制,而不考虑犯第二类错误的概率的检验,称为**显著性检验**.

定义 8.7 在假设检验中,我们需要检验的假设为 $H_0:\mu=\mu_0$,$H_1:\mu\neq\mu_0$ 时,称这样的假设检验为**双边假设检验**,简称**双边检验**. 在假设检验中,我们需要检验的假设为 $H_0:\mu\leqslant\mu_0$,$H_1:\mu>\mu_0$ 时,称这样的假设检验为**右边假设检验**. 在假设检验中,我们需要检验的假设为 $H_0:\mu\geqslant\mu_0$,$H_1:\mu<\mu_0$ 时,称这样的假设检验为**左边假设检验**. 左边检验和右边检验统称为单边检验.

综上所述,假设检验的一般步骤为:

(1) 根据实际问题提出原假设 H_0 和备择假设 H_1,这里要求 H_0 和 H_1 有且仅有一个为真.

(2) 选取适当的检验统计量. 并在原假设 H_0 成立的前提下确定该统计量的分布.

(3) 按问题的具体要求,选取适当的显著性水平 α,并根据统计量的分布表,确定对应于 α 的临界值,从而得到对原假设 H_0 的拒绝域 C.

(4) 根据样本观测值计算统计量的值,若落入拒绝域 C 内,则认为 H_0 不真,拒绝 H_0,接受备择假设 H_1;否则,接受 H_0.

8.2 正态总体均值的假设检验

设总体 X 服从正态 $N(\mu,\sigma^2)$,$X_1,X_2,\cdots,X_n$ 是来自于总体 X 的一个容量为 n 的样本,对给定的显著性水平 α,检验如下的假设.

8.2.1 正态总体均值的双边检验

1. σ^2 已知时,μ 的检验

在 8.1 节中我们已经讨论过当 σ^2 已知时 μ 的检验. 在这些检验问题中,利用了统计量 $Z=\dfrac{\overline{X}-\mu_0}{\sigma/\sqrt{n}}$ 来确定拒绝域的. 这种检验法常称为 **Z 检验法**.

具体检验步骤为:

(1) 提出假设 $H_0:\mu=\mu_0$,$H_1:\mu\neq\mu_0$;

(2) 选取显著性水平 α;

(3) 当原假设 H_0 为真时,检验统计量

$$Z=\frac{\overline{X}-\mu_0}{\sigma/\sqrt{n}}\sim N(0,1); \qquad (8.2.1)$$

(4) 查 $N(0,1)$ 表得 $z_{\alpha/2}$,得拒绝域为

$$|z|=\left|\frac{\overline{x}-\mu_0}{\sigma/\sqrt{n}}\right|\geqslant z_{\alpha/2}; \qquad (8.2.2)$$

(5) 根据样本值计算 $z=\dfrac{\overline{x}-\mu_0}{\sigma/\sqrt{n}}$,当 $|z|<z_{\alpha/2}$ 时,接受 H_0,当 $|z|\geqslant z_{\alpha/2}$ 时,拒绝 H_0.

例1 从甲地发送一个信号到乙地. 设乙地接收到的信号值 X 是一个随机变量,它服从正

态分布 $N(\mu, 0.2^2)$，其中 μ 为甲地发送信号的真实信号值. 现甲地重复发送同意信号 5 次，乙地接收到的信号值为

$$8.05,\quad 8.15,\quad 8.20,\quad 8.10,\quad 8.25.$$

如果标准差不变，取显著性水平 $\alpha = 0.05$，问接收方乙地是否有理由猜测甲地发送的信号值为 8?

解 提出假设 $H_0: \mu = \mu_0 = 8, H_1: \mu \neq \mu_0$.

由于标准差不变，因此当 H_0 为真时，检验统计量为

$$Z = \frac{\overline{X} - \mu_0}{\sigma/\sqrt{n}} \sim N(0,1),$$

查标准正态分布表得 $z_{\alpha/2} = z_{0.025} = 1.96$，得拒绝域为

$$|z| \geqslant z_{0.025} = 1.96,$$

根据所给样本值算得 $\bar{x} = 8.15$，又 $\mu_0 = 8, \sigma = 0.2, n = 5$，从而

$$|z| = \left| \frac{\bar{x} - \mu_0}{\sigma/\sqrt{n}} \right| = \left| \frac{8.15 - 8}{0.2/\sqrt{5}} \right| \approx 1.677,$$

即 $|z| < z_{\alpha/2}$，故接受 H_0，也就是接收方乙地有理由猜测甲地发送的信号值为 8.

2. σ^2 未知时，μ 的检验

设总体 X 服从正态 $N(\mu, \sigma^2)$，$X_1, X_2, \cdots, X_n$ 是来自总体 X 的一个容量为 n 的样本，其中 σ^2 未知，需要求检验问题

$$H_0: \mu = \mu_0, \quad H_1: \mu \neq \mu_0$$

的拒绝域（显著性水平为 α）.

由于 σ^2 未知，因此不能用 $Z = \dfrac{\overline{X} - \mu_0}{\sigma/\sqrt{n}}$ 来确定拒绝域了. 这时，一个自然的想法就是用样本方差 S^2 代替总体方差 σ^2，因而，构造检验统计量

$$t = \frac{\overline{X} - \mu_0}{S/\sqrt{n}}.$$

当原假设 H_0 为真时，检验统计量

$$t = \frac{\overline{X} - \mu_0}{S/\sqrt{n}} \sim t(n-1), \tag{8.2.3}$$

于是，对于给定的显著性水平为 α，由

$$P\left\{ \left| \frac{\overline{X} - \mu_0}{S/\sqrt{n}} \right| \geqslant k \right\} = \alpha,$$

得 $k = t_{\alpha/2}(n-1)$（图 8.2），即得拒绝域为

$$|t| = \left| \frac{\bar{x} - \mu_0}{s/\sqrt{n}} \right| \geqslant t_{\alpha/2}(n-1). \tag{8.2.4}$$

上述利用 t 统计量得出的检验法称为 **t 检验法**.

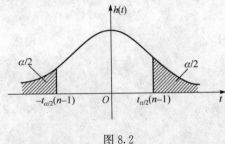

图 8.2

具体检验步骤为：

(1) 提出假设 $H_0: \mu = \mu_0, H_1: \mu \neq \mu_0$;

(2) 选取显著性水平 α;

(3) 当原假设 H_0 为真时,检验统计量

$$t = \frac{\overline{X} - \mu_0}{S/\sqrt{n}} \sim t(n-1);$$

(4) 查 t 分布表得 $t_{\alpha/2}(n-1)$,得拒绝域为

$$|t| = \left|\frac{\overline{x} - \mu_0}{s/\sqrt{n}}\right| \geqslant t_{\alpha/2}(n-1);$$

(5) 根据样本值计算 $t = \frac{\overline{x} - \mu_0}{s/\sqrt{n}}$,当 $|t| < t_{\alpha/2}(n-1)$ 时,接受 H_0,当 $|t| \geqslant t_{\alpha/2}(n-1)$ 时,拒绝 H_0.

例2 某车间用自动包装机包装葡萄糖,规定标准重量为每袋净重 500 克. 现随机抽取 10 袋,测得各袋净重(克)

495, 510, 505, 498, 503, 492, 502, 505, 497, 506.

设每袋净重 X 服从正态分布 $N(\mu, \sigma^2)$,问包装机的工作是否正常?(取显著性水平 $\alpha=0.05$)如果:

(1) 已知每包葡萄糖净重的标准差 $\sigma = 5g$;

(2) σ 未知.

解 根据所给样本值算得 $\overline{x} = 501.3, s = 5.62$.

(1) 检验假设 $H_0: \mu = \mu_0 = 500, H_1: \mu \neq \mu_0$.

当 H_0 为真时,检验统计量为

$$Z = \frac{\overline{X} - \mu_0}{\sigma/\sqrt{n}} \sim N(0,1),$$

查标准正态分布表得 $z_{\alpha/2} = z_{0.025} = 1.96$,得拒绝域为

$$|z| \geqslant z_{0.025} = 1.96;$$

又

$$|z| = \left|\frac{\overline{x} - \mu_0}{\sigma/\sqrt{n}}\right| = \left|\frac{501.3 - 500}{5/\sqrt{10}}\right| \approx 0.822,$$

即 $|z| < z_{\alpha/2}$,故接受原假设 H_0,即认为包装机工作正常.

(2) 检验假设 $H_0: \mu = \mu_0 = 500, H_1: \mu \neq \mu_0$.

当 H_0 为真时,检验统计量为

$$t = \frac{\overline{X} - \mu_0}{S/\sqrt{n}} \sim t(n-1),$$

查标准正态分布表得 $t_{\alpha/2}(n-1) = t_{0.025}(9) = 2.2622$,得拒绝域为

$$|t| \geqslant t_{0.025}(9) = 2.2622;$$

又

$$|t| = \left|\frac{\overline{x} - \mu_0}{s/\sqrt{n}}\right| = \left|\frac{501.3 - 500}{5.62/\sqrt{10}}\right| \approx 0.731,$$

即 $|t| < t_{\alpha/2}(n-1)$. 故接受原假设 H_0,即认为包装机工作正常.

8.2.2 正态总体均值的单边检验

在实际问题中还会遇到原假设 H_0 的形为 $\mu \leq \mu_0, \mu \geq \mu_0$ 等情形. 此时,假设 H_0 仍可称为原假设或零假设,它的对立情形,称为备择假设或对立假设,记为 H_1. 由 H_0 与相应的 H_1 构成的一对假设,称为单边假设. 例如,

(1) 某种产品要求废品率不高于 5%. 今从一批产品中随机地取 50 个,检查到 4 个废品,问这批产品是否符合要求. 此例可作假设 $H_0: p \leq 0.05$,它的对立情形是 $H_1: p > 0.05$ 为备择假设.

(2) 某种金属经热处理后平均抗拉强度为 42kg/cm^2. 今改变热处理方法,取一个样本,问抗拉强度有无显著提高? 此例在可作假设 $H_0: \mu \leq 42$,备择假设 $H_1: \mu > 42$.

(3) 一台机床加工出来的轴平均椭圆度是 0.095mm,在机床进行调整后取一个样本,问(平均)椭圆度是否显著降低? 此例可作假设 $H_0: \mu \geq 0.095$,备择假设 $H_1: \mu < 0.095$.

1. σ^2 已知时,μ 的检验

给定显著性水平 α,下面求右边检验问题

$$H_0: \mu \leq \mu_0, \quad H_1: \mu > \mu_0 \tag{8.2.5}$$

的拒绝域.

因 H_0 中的全部 μ 都比 H_1 中的 μ 要小,当 H_1 为真时,观察值 $\bar{x}$ 往往偏大,因此,拒绝域的形式为

$$\bar{x} \geq k \quad (k \text{ 是某一正常数}).$$

下面来确定常数 k,其做法与均值的双边检验做法类似.

$$P\{\text{当 } H_0 \text{ 为真时拒绝 } H_0\} = P_{\mu \in H_0}\{\bar{X} \geq k\}$$

$$= P_{\mu \leq \mu_0}\left\{\frac{\bar{X} - \mu_0}{\sigma/\sqrt{n}} \geq \frac{k - \mu_0}{\sigma/\sqrt{n}}\right\}$$

$$\leq P_{\mu \leq \mu_0}\left\{\frac{\bar{X} - \mu}{\sigma/\sqrt{n}} \geq \frac{k - \mu_0}{\sigma/\sqrt{n}}\right\}.$$

要控制 $P\{\text{当 } H_0 \text{ 为真时拒绝 } H_0\} \leq \alpha$,只需令

$$P_{\mu \leq \mu_0}\left\{\frac{\bar{X} - \mu}{\sigma/\sqrt{n}} \geq \frac{k - \mu_0}{\sigma/\sqrt{n}}\right\} = \alpha.$$

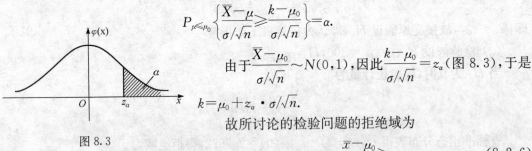

图 8.3

由于 $\dfrac{\bar{X} - \mu_0}{\sigma/\sqrt{n}} \sim N(0,1)$,因此 $\dfrac{k - \mu_0}{\sigma/\sqrt{n}} = z_\alpha$(图 8.3),于是

$$k = \mu_0 + z_\alpha \cdot \sigma/\sqrt{n}.$$

故所讨论的检验问题的拒绝域为

$$z = \frac{\bar{x} - \mu_0}{\sigma/\sqrt{n}} \geq z_\alpha \tag{8.2.6}$$

类似地,可得左边检验问题

$$H_0: \mu \geq \mu_0, \quad H_0: \mu < \mu_0 \tag{8.2.7}$$

的拒绝域为

$$z = \frac{\bar{x} - \mu_0}{\sigma/\sqrt{n}} \leqslant -z_\alpha. \tag{8.2.8}$$

例3 已知某炼钢厂的钢水含碳量在正常情况下服从正态分布 $N(4.55, 0.11^2)$，某天测得 5 炉钢水的含碳量如下：

$$4.28, \quad 4.40, \quad 4.42, \quad 4.35, \quad 4.37.$$

如果标准差不变，钢水含碳量的均值是否有显著降低(取显著性水平 $\alpha=0.05$)？

解 提出假设 $H_0: \mu \geqslant \mu_0 = 4.55, H_1: \mu < \mu_0$.

由于标准差不变，因此当 H_0 为真时，检验统计量为

$$Z = \frac{\bar{X} - \mu_0}{\sigma/\sqrt{n}} \sim N(0, 1).$$

查标准正态分布表得 $z_\alpha = z_{0.05} = 1.645$，得拒绝域为

$$z \leqslant -z_{0.05} = -1.645;$$

根据所给样本值算得 $\bar{x} = 4.364$，又 $\mu_0 = 4.55, \sigma = 0.11, n = 5$，从而

$$z = \frac{\bar{x} - \mu_0}{\sigma/\sqrt{n}} = \frac{4.364 - 4.55}{0.11/\sqrt{5}} \approx -3.78,$$

即 $z < -z_\alpha$，故拒绝 H_0，也就是认为该天的钢水含碳量的均值显著降低了.

2. σ^2 未知时 μ 的检验

给定显著性水平 α，下面求右边检验问题

$$H_0: \mu \leqslant \mu_0, \quad H_1: \mu > \mu_0, \tag{8.2.9}$$

的拒绝域.

因 H_0 中的全部 μ 都比 H_1 中的 μ 要小，当 H_1 为真时，观察值 $\bar{x}$ 往往偏大，因此，拒绝域的形式为

$$\bar{x} \geqslant k \quad (k \text{ 是某一正常数}).$$

下面来确定常数 k，其做法与均值的双边检验做法类似.

$$\begin{aligned}
P\{\text{当 } H_0 \text{ 为真时拒绝 } H_0\} &= P_{\mu \in H_0}\{\bar{X} \geqslant k\} \\
&= P_{\mu \leqslant \mu_0}\left\{\frac{\bar{X} - \mu_0}{S/\sqrt{n}} \geqslant \frac{k - \mu_0}{S/\sqrt{n}}\right\} \\
&\leqslant P_{\mu \leqslant \mu_0}\left\{\frac{\bar{X} - \mu}{S/\sqrt{n}} \geqslant \frac{k - \mu_0}{S/\sqrt{n}}\right\}.
\end{aligned}$$

要控制 $P\{\text{当 } H_0 \text{ 为真时拒绝 } H_0\} \leqslant \alpha$，只需令

$$P_{\mu \leqslant \mu_0}\left\{\frac{\bar{X} - \mu}{S/\sqrt{n}} \geqslant \frac{k - \mu_0}{S/\sqrt{n}}\right\} = \alpha.$$

由于 $\dfrac{\bar{X} - \mu_0}{S/\sqrt{n}} \sim t(n-1)$，因此 $\dfrac{k - \mu_0}{s/\sqrt{n}} = t_\alpha(n-1)$

(图 8.4)，于是

$$k = \mu_0 + t_\alpha(n-1) \cdot s/\sqrt{n}.$$

故所讨论得检验问题的拒绝域为

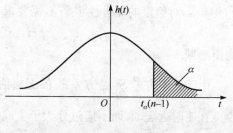

图 8.4

$$t=\frac{\overline{x}-\mu_0}{s/\sqrt{n}}\geqslant t_\alpha(n-1). \tag{8.2.10}$$

类似地,可得左边检验问题

$$H_0:\mu\geqslant\mu_0,\quad H_1:\mu<\mu_0, \tag{8.2.11}$$

的拒绝域为

$$t=\frac{\overline{x}-\mu_0}{s/\sqrt{n}}\leqslant -t_\alpha(n-1). \tag{8.2.12}$$

例 4 一台机床加工轴的平均椭圆度是 0.095mm,机床经过调整后取 20 根轴测量其椭圆度,计算得平均值 $\overline{x}=0.081$mm,标准差 $s=0.025$mm. 问调整后机床加工轴的(平均)椭圆度有无显著降低(取 $\alpha=0.05$)? 这里假定调整后机床加工轴的椭圆度是正态母体.

解 因为 $\mu_0=0.095$,所以提出假设

$$H_0:\mu\geqslant\mu_0=0.095,\quad H_1:\mu<\mu_0,$$

当 H_0 为真时,检验统计量为

$$t=\frac{\overline{X}-\mu_0}{S/\sqrt{n}}\sim t(n-1)$$

查 t 分布表得 $t_\alpha(n-1)=t_{0.05}(19)=1.7291$,得拒绝域为

$$t\leqslant -t_{0.025}(19)=-1.7291;$$

又根据所给样本值算得 $\overline{x}=0.081, s=0.025, n=20$,所以

$$t=\frac{\overline{x}-\mu_0}{s/\sqrt{n}}=\frac{0.081-0.095}{0.025/\sqrt{20}}\approx -2.504,$$

即 $t\leqslant -t_{\alpha/2}(n-1)$. 故拒绝原假设 H_0,即认为调整后机床加工轴的(平均)椭圆度显著降低了.

8.3 正态总体方差的假设检验

在实际问题中,有关方差的检验问题也时常遇到的,如 8.2 节介绍的 Z 检验和 t 检验中均与方差有密切的联系. 因此,讨论方差的问题尤为重要.

8.3.1 正态总体方差的双边检验

对于正态总体方差的假设检验,我们通常假定均值 μ 未知,下面仅就均值 μ 未知时介绍关于 σ^2 的检验.

设总体 X 服从正态 $N(\mu,\sigma^2)$,其中 σ^2 未知,$X_1,X_2,\cdots,X_n$ 是来自于总体 X 的一个容量为 n 的样本,对给定的显著性水平 α,需要求检验问题

$$H_0:\sigma^2=\sigma_0^2,\quad H_1:\sigma^2\neq\sigma_0^2 \tag{8.3.1}$$

的拒绝域.

由于样本方差 S^2 是方差 σ^2 的无偏估计量,当 H_0 为真时,观察值 s^2 与 σ_0^2 的比值 $\frac{s^2}{\sigma_0^2}$ 一般来说应在 1 附近摆动,而不应过分大于 1 或过分小于 1. 由抽样分布的结论知,当 H_0 为真时,

$$\frac{(n-1)S^2}{\sigma_0^2}\sim\chi^2(n-1), \tag{8.3.2}$$

取
$$\chi^2 = \frac{(n-1)S^2}{\sigma_0^2}$$

作为检验统计量,如上所说知道上述检验问题的拒绝域具有以下形式

$$\frac{(n-1)s^2}{\sigma_0^2} \leq k_1 \ \text{或} \ \frac{(n-1)s^2}{\sigma_0^2} \geq k_2$$

此处,k_1, k_2 的值由下式确定:

$$P\left\{\left(\frac{(n-1)S^2}{\sigma_0^2} \leq k_1\right) \cup \left(\frac{(n-1)S^2}{\sigma_0^2} \geq k_2\right)\right\} = \alpha,$$

为计算方便起见,习惯上取

$$P\left\{\frac{(n-1)S^2}{\sigma_0^2} \leq k_1\right\} = \frac{\alpha}{2}, \quad P\left\{\frac{(n-1)S^2}{\sigma_0^2} \geq k_2\right\} = \frac{\alpha}{2},$$

查 χ^2 分布表,得 $k_1 = \chi^2_{1-\alpha/2}(n-1), k_2 = \chi^2_{\alpha/2}(n-1)$(图 8.5),于是得拒绝域为

$$\frac{(n-1)S^2}{\sigma_0^2} \leq \chi^2_{1-\alpha/2}(n-1) \ \text{或} \ \frac{(n-1)S^2}{\sigma_0^2} \geq \chi^2_{\alpha/2}(n-1). \tag{8.3.3}$$

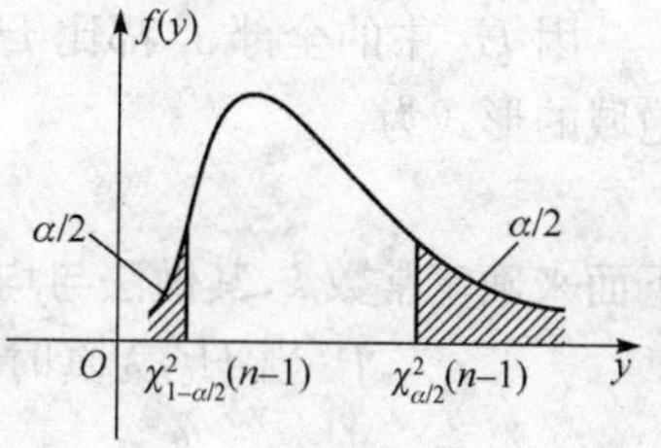

上述利用 χ^2 统计量得出的检验法称为 χ^2 **检验法**.

具体检验步骤为:

(1) 提出假设 $H_0: \sigma^2 = \sigma_0^2, H_1: \sigma^2 \neq \sigma_0^2$;

(2) 选取显著性水平 α;

(3) 当原假设 H_0 为真时,检验统计量

$$\chi^2 = \frac{(n-1)S^2}{\sigma_0^2} \sim \chi^2(n-1);$$

图 8.5

(4) 查 χ^2 分布表,得拒绝域为

$$\chi^2 \leq \chi^2_{1-\alpha/2}(n-1) \ \text{或} \ \chi^2 \geq \chi^2_{\alpha/2}(n-1);$$

(5) 根据样本值计算 $\chi^2 = \frac{(n-1)s^2}{\sigma_0^2}$,当 $\chi^2_{1-\alpha/2}(n-1) < \chi^2 < \chi^2_{\alpha/2}(n-1)$ 时,接受 H_0,否则拒绝 H_0.

例1 车间生产钢丝,生产一向比较稳定,现从产品中随机地取出 10 根检验折断力,得到以下数据:578,572,570,568,572,570,572,596,570,584,问是否可相信该车间的钢丝的折断力的方差为 64(给定显著性水平 $\alpha = 0.05$)?

解 检验假设 $H_0: \sigma^2 = \sigma_0^2 = 64, H_1: \sigma^2 \neq \sigma_0^2$.

当 H_0 为真时,检验统计量为

$$\chi^2 = \frac{(n-1)S^2}{\sigma_0^2} \sim \chi^2(n-1),$$

查 χ^2 分布表得 $\chi^2_{0.975}(9) = 2.700, \chi^2_{0.025}(9) = 19.022$,得拒绝域为

$$\chi^2 \leq 2.700 \ \text{或} \ \chi^2 \geq 19.022;$$

又根据已知样本值可得 $\bar{x} = 575.2, \sum_{i=1}^{10}(x_i - \bar{x})^2 = 681.6$,从而

$$\chi^2 = \frac{(n-1)S^2}{\sigma_0^2} = \frac{681.6}{64} = 10.65,$$

即 $\chi^2_{0.975}(9) < \chi^2 < \chi^2_{0.025}(9)$. 故接受原假设 H_0, 即可相信该车间的钢丝的折断力的方差为 64.

8.3.2 正态总体方差的单边检验

在实际问题中还会遇到原假设 H_0 的形成为 $\sigma^2 \leqslant \sigma_0^2, \sigma^2 \geqslant \sigma_0^2$ 等情形. 此时, 假设 H_0 仍可称为原假设或零假设, 它的对立情形, 称为备择假设或对立假设, 记为 H_1. 由 H_0 与相应的 H_1 构成的一对假设, 称为单边假设检验. 例如, 某电工器材厂生产一种保险丝, 规定保险丝熔化时间(单位:h)的方差不超过 400. 今从一批产品中抽得一个样本, 问这批产品的方差是否符合要求? 此例在母体上可作假设 $H_0: \sigma^2 \leqslant 400$, 备择假设 $H_1: \sigma^2 > 400$.

给定显著性水平 α, 下面我们求右边检验问题

$$H_0: \sigma^2 \leqslant \sigma_0^2, H_1: \sigma^2 > \sigma_0^2, \tag{8.3.4}$$

的拒绝域.

因 H_0 中的全部 σ^2 都比 H_1 中的 σ^2 要小, 当 H_1 为真时, S^2 观察值 s^2 往往偏大, 因此, 拒绝域的形式为

$$s^2 \geqslant k \quad (k \text{ 是某一正常数}).$$

下面来确定常数 k, 其做法与均值的双边检验做法类似.

$$P\{\text{当 } H_0 \text{ 为真时拒绝 } H_0\} = P_{\mu \in H_0}\{S^2 \geqslant k\}$$

$$= P_{\sigma^2 \leqslant \sigma_0^2}\left\{\frac{(n-1)S^2}{\sigma_0^2} \geqslant \frac{(n-1)k}{\sigma_0^2}\right\}$$

$$\leqslant P_{\sigma^2 \leqslant \sigma_0^2}\left\{\frac{(n-1)S^2}{\sigma^2} \geqslant \frac{(n-1)k}{\sigma_0^2}\right\}.$$

要控制 $P\{\text{当 } H_0 \text{ 为真时拒绝 } H_0\} \leqslant \alpha$, 只需令

$$P_{\sigma^2 \leqslant \sigma_0^2}\left\{\frac{(n-1)S^2}{\sigma^2} \geqslant \frac{(n-1)k}{\sigma_0^2}\right\} = \alpha.$$

由于 $\frac{(n-1)S^2}{\sigma^2} \sim \chi^2(n-1)$, 因此, 于是 $k = \frac{\sigma_0^2}{n-1}\chi^2_\alpha(n-1)$ (图 8.6).

图 8.6

故所讨论得检验问题的拒绝域为

$$\chi^2 = \frac{(n-1)S^2}{\sigma_0^2} \geqslant \chi^2_\alpha(n-1). \tag{8.3.5}$$

类似地, 可得左边检验问题

$$H_0: \sigma^2 \geqslant \sigma_0^2, \quad H_1: \sigma^2 < \sigma_0^2 \tag{8.3.6}$$

的拒绝域为

$$\chi^2 = \frac{(n-1)S^2}{\sigma_0^2} \geqslant \chi^2_{1-\alpha}(n-1). \tag{8.3.7}$$

例 2 设某无线电厂生产某种高频管, 其中一项指标 X 服从正态分布 $N(\mu, \sigma^2)$, 从该厂生产的一批高频管中抽取 8 个, 测得该项指标的数据如下:

68, 43, 70, 65, 55, 56, 60, 72.

试在显著性水平 $\alpha = 0.05$ 下, 检验假设

解 检验假设 $H_0: \sigma^2 \leqslant 49, H_1: \sigma^2 > 49$.

当 H_0 为真时,检验统计量为

$$\chi^2 = \frac{(n-1)S^2}{\sigma_0^2} \sim \chi^2(n-1),$$

查 χ^2 分布表得 $\chi_{0.05}^2(7) = 14.067$,得拒绝域为

$$\chi^2 \geqslant 14.067;$$

又根据已知样本值可得 $s^2 = 93.2679$,从而

$$\chi^2 = \frac{(n-1)S^2}{\sigma_0^2} = \frac{9 \times 93.2679}{49} \approx 17.131,$$

即 $\chi^2 > \chi_{0.05}^2(7)$. 故拒绝原假设 H_0,即可认为这批高频管该项指标的方差大于 49.

习　题

1. 设某厂生产的食盐的袋装质量(单位:g)服从正态分布 $N(\mu, 3^2)$,在生产过程中随机抽取 16 袋食盐,测得平均袋装质量 $\bar{x} = 496$. 问在显著性水平 $\alpha = 0.05$ 下,是否可以认为该厂生产的袋装食盐的平均袋重为 500g?

2. 设某厂自动机生产的一种铆钉的尺寸误差 X(单位:g)服从正态分布 $N(\mu, 1)$,该机正常工作与否的标志是 $\mu = 0$ 是否成立. 随机抽取容量为 $n = 10$ 的样本,测得样本均值 $\bar{x} = 1.01$. 问在显著性水平 $\alpha = 0.05$ 下,是否可以认为该厂自动机工作正常?

3. 已知某厂生产的一种元件,其寿命服从均值 $\mu_0 = 120$,方差 $\sigma_0^2 = 9$ 的正态分布. 现采用一种新工艺生产该种元件,并随机取 16 个元件,测得样本均值 $\bar{x} = 123$,从生产情况看,寿命波动无变化. 试判断采用新工艺生产的元件平均寿命较以往有无显著变化(显著性水平 $\alpha = 0.05$).

4. 要求某种元件平均使用寿命不得低于 1000h,生产者一批这种元件中随机抽取 25 件,测得其寿命的平均值是 950h. 已知该种元件寿命服从标准差为 $\sigma = 100$h 的正态分布. 试在在显著性水平 $\alpha = 0.05$ 下,判断这批元件是否合格? 设总体均值为 μ,μ 未知. 即检验假设 $H_0: \mu \geqslant 1000, H_1: \mu < 1000$.

5. 一种燃料的辛烷等级服从正态分布 $N(\mu, \sigma^2)$,其平均等级为 98.0,标准差为 0.8,现从一批新油中抽出 25 桶,算得样本平均值为 97.7. 假定标准差与原来一样,问新油的辛烷平均等级是否比原燃料平均等级偏低($\alpha = 0.05$).

6. 有一批枪弹,其初速度服从正态分布 $N(\mu, \sigma^2)$,其中 $\mu = 950$m/s,$\sigma = 10$m/s. 经过较长时间储存后,现取出 9 发枪弹试射,测其初速度,得样本值如下(单位:m/s):

914, 920, 910, 934, 953, 945, 912, 924, 940.

问这批枪弹显著水平 $\alpha = 0.05$ 下,其初速度是否变小了?

7. 某日从饮料生产线随机抽取 16 瓶饮料,分别测得重量(单位:g)后算出样本均值 $\bar{x} = 502.92$ 及样本标准差 $s = 12$. 假设瓶装饮料的重量服从正态分布 $N(\mu, \sigma^2)$,其中 σ^2 未知,问该日生产的瓶装饮料的平均重量是否为 500g(显著性水平 $\alpha = 0.05$)?

8. 设某厂生产的零件长度服从正态分布 $N(\mu, \sigma^2)$(单位:mm),现从生产出的一批零件中随机抽取了 16 件,经测量并算得零件长度的平均值 $\bar{x} = 1960$,标准差 $s = 120$,如果 σ^2 未知,在显著水平 $\alpha = 0.05$ 下,是否可以认为该厂生产的零件的平均长度是 2050mm?

9. 食品厂用自动装罐头食品,每罐标准质量为 500g,每隔一定时间需要检验机器的工作

情况,现抽取 10 罐,计算得 $\bar{x}=502$g,$s=6.5$g,假设质量 X 服从正态分布,试问机器工作是否正常(显著性水平 $\alpha=0.05$)?

10. 假设考生成绩服从正态分布,在某地一次数学统考中,随机抽取了 36 位考生的成绩,算得平均成绩 $\bar{x}=66.5$ 分,标准差为 $s=15$ 分,问在显著性水平 $\alpha=0.05$ 下,是否可以认为考试全体考生的平均成绩为 70 分?

11. 车辆厂生产的螺杆直径服从正态分布 $N(\mu,\sigma^2)$,现在从一批产品中现抽取 5 支,测得 $\bar{x}=21.8$,$s^2=0.135$,问在显著性水平 $\alpha=0.05$ 下,是否可以接受这批螺杆直径均值为 21?

12. 某种元件的寿命 X(单位:h)服从正态分布 $N(\mu,\sigma^2)$,现测得 16 只元件的寿命如下:

159, 280, 101, 212, 224, 379, 179, 264,
222, 362, 168, 250, 149, 260, 485, 170.

试问在显著性水平 $\alpha=0.05$ 下,是否可以认为元件的平均寿命 μ 大于 225h?

13. 下面列出的是某工厂随机选取的 20 只部件的装配时间(单位:min):

9.80, 10.4, 10.6, 9.60, 9.70, 9.90, 10.9, 11.1, 9.60, 10.2,
10.3, 9.60, 9.90, 11.2, 10.6, 9.80, 10.5, 10.1, 10.5, 9.70.

设装配时间的总体服从正态分布 $N(\mu,\sigma^2)$,μ,σ^2 均未知. 是否可以认为装配时间的均值显著大于 10(取 $\alpha=0.05$)?

14. 用某种农药施入农田中防治病虫害,经三个月后土壤中如有 5ppm 以上浓度时认为仍有残效. 现在一大田施药区随机取 10 个土样进行分析,其浓度(单位:ppm)为

4.8, 3.2, 2.0, 6.0, 5.4, 7.6, 2.1, 2.5, 3.1, 3.5.

设土壤残余农药浓度服从正态分布 $N(\mu,\sigma^2)$,问在显著性水平 $\alpha=0.05$ 下,该农药经三个月后是否仍有残效?

15. 设某电工器材厂生产的保险丝的熔化时间 X 服从正态分布 $N(\mu,\sigma^2)$,现从该厂生产的一批保险丝抽取 10 根,测得其熔化时间,得到数据如下:

42, 65, 75, 78, 71, 59, 57, 68, 55, 54.

试问在显著性水平 $\alpha=0.05$ 下,是否可以认为这批保险丝熔化时间的标准差 $\sigma=12$?

16. 设车床加工的轴料的椭圆度 X 服从正态分布 $N(\mu,\sigma^2)$,现从加工的轴料中随机的抽取 15 件,计算的样本方差为 $s^2=0.023$,问在显著性水平 $\alpha=0.05$ 下,是否可以认为这批轴料的椭圆度的方差为 0.0004?

17. 某运动员跳远成绩 X 服从正态分布 $N(\mu,\sigma^2)$,某段时期跳了 10 次,其成绩记录如下(单位:m):

5.5, 5.2, 5.23, 5.8, 5.42, 5.1, 4.9, 4.51, 5.6, 5.1.

问在显著性水平 $\alpha=0.05$ 下,该运动员跳远成绩的总体方差是否大于 0.1?

18. 某类钢板每块的质量 X 服从正态分布,其一项质量指标是钢板质量的方差不得超过 0.016 kg^2. 现从某天生产的钢板中随机抽取 25 块,得其样本方差 $s^2=0.025$kg^2,问该天生产的钢板质量的方差是否满足要求?

参 考 文 献

陈希孺. 2002. 概率论与数理统计. 北京:科学出版社.
茆诗松,程依明,濮晓龙. 2004. 概率论与数理统计教程. 北京:高等教育出版社.
盛骤,谢式千,潘承毅. 1993. 概率论与数理统计. 北京:高等教育出版社.
魏宗舒等. 1983. 概率论与数理统计教程. 北京:高等教育出版社.

附表 1　泊松分布数值表

$$P\{X \leqslant x\} = \sum_{k=0}^{x} \frac{\lambda^k}{k!} e^{-\lambda}$$

x	λ								
	0.1	0.2	0.3	0.4	0.5	0.6	0.7	0.8	0.9
0	0.9048	0.8187	0.7408	0.673	0.6065	0.5488	0.4966	0.4493	0.4066
2	0.9953	0.9825	0.9631	0.9384	0.9098	0.8781	0.8442	0.8088	0.7725
3	0.9998	0.9989	0.9964	0.9921	0.9856	0.9769	0.9659	0.9526	0.9371
4	1.0000	0.9999	0.9997	0.9992	0.9982	0.9966	0.9942	0.9909	0.9856
5		1.0000	1.0000	0.9999	0.9998	0.9996	0.9992	0.9986	0.9977
6				1.0000	1.0000	1.0000	0.9999	0.9998	0.9997
							1.0000	1.0000	1.0000

x	λ								
	1.0	1.5	2.0	2.5	3.0	3.5	4.0	4.5	5.0
0	0.3679	0.2231	0.1353	0.0821	0.0498	0.0302	0.0183	0.0111	0.0067
1	0.7358	0.5578	0.406	0.2873	0.1991	0.1359	0.0916	0.0611	0.0404
2	0.9197	0.8088	0.6767	0.5438	0.4232	0.3208	0.2381	0.1736	0.1247
3	0.981	0.9344	0.8571	0.7576	0.6472	0.5366	0.4335	0.3423	0.265
4	0.9963	0.9814	0.9473	0.8912	0.8153	0.7254	0.6288	0.5321	0.4405
5	0.9994	0.9955	0.9834	0.958	0.9161	0.8576	0.7851	0.7029	0.616
6	0.9999	0.9991	0.9955	0.9858	0.9665	0.9347	0.8893	0.8311	0.7622
7	1.0000	0.9998	0.9989	0.9958	0.9881	0.9733	0.9489	0.9134	0.8666
8		1.0000	0.9998	0.9989	0.9962	0.9901	0.9786	0.9597	0.9319
9			1.0000	0.9997	0.9989	0.9967	0.9919	0.9829	0.9682
10				0.9999	0.9997	0.9990	0.9972	0.9933	0.9863
11				1.0000	0.9999	0.9997	0.9991	0.9976	0.9945
12					1.0000	0.9999	0.9997	0.9992	0.998
13						1.0000	0.9999	0.9997	0.9993
14							1.0000	0.9999	0.9998
15								1.0000	0.9999
16									1.0000

附表1 泊松分布数值表

续表

x	λ								
	6	7	8	9	10	11	12	13	14
0	0.0025	0.0009	0.0003	0.0001	0.0000	0.0000	0.0000		
1	0.0174	0.0073	0.0030	0.0012	0.0005	0.0002	0.0001	0.0000	0.0000
2	0.062	0.0296	0.0138	0.0062	0.0028	0.0012	0.0005	0.0002	0.0001
3	0.1512	0.0818	0.0424	0.0212	0.0103	0.0049	0.0023	0.0010	0.0005
4	0.2851	0.173	0.0996	0.055	0.0293	0.0151	0.0076	0.0037	0.0018
5	0.4457	0.3007	0.1912	0.1157	0.0671	0.0375	0.0203	0.0107	0.0055
6	0.6063	0.4497	0.3134	0.2068	0.1301	0.0786	0.0458	0.0259	0.0142
7	0.744	0.5987	0.453	0.3239	0.2202	0.1432	0.0895	0.0540	0.0316
8	0.8472	0.7291	0.5925	0.4557	0.3328	0.232	0.155	0.0998	0.0621
9	0.9161	0.8305	0.7166	0.5874	0.4579	0.3405	0.2424	0.1658	0.1094
10	0.9574	0.9015	0.8159	0.706	0.583	0.4599	0.4616	0.2517	0.1757
11	0.9799	0.9466	0.8881	0.803	0.6968	0.5793	0.3532	0.3472	0.2600
12	0.9912	0.973	0.9362	0.8758	0.7916	0.6887	0.576	0.4631	0.3583
13	0.9964	0.9872	0.9658	0.9261	0.8645	0.7813	0.6815	0.5730	0.4644
14	0.9986	0.9943	0.9827	0.9585	0.9165	0.8540	0.7720	0.6751	0.5704
15	0.9995	0.9976	0.9918	0.978	0.9513	0.9074	0.8444	0.7636	0.6694
16	0.9998	0.999	0.9963	0.9889	0.973	0.9441	0.8987	0.8355	0.7559
17	0.9999	0.9996	0.9984	0.9947	0.9587	0.9678	0.937	0.8905	0.8272
18	1.0000	0.9999	0.9994	0.9976	0.9928	0.9823	0.9626	0.9302	0.8826
19		1.0000	0.9997	0.9989	0.9965	0.9907	0.9787	0.9573	0.9235
20			0.9999	0.9996	0.9984	09953	0.9884	0.9750	0.9521

附表2 标准正态分布表

$$\Phi(x) = \int_{-\infty}^{x} \frac{1}{\sqrt{2\pi}} e^{-\frac{t^2}{2}} dt$$

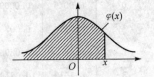

x	0.00	0.01	0.02	0.03	0.04	0.05	0.06	0.07	0.08	0.09
0.0	0.5000	0.5040	0.5080	0.5120	0.5160	0.5199	0.5239	0.5279	0.5319	0.5359
0.1	0.5398	0.5438	0.5478	0.5517	0.5557	0.5596	0.5636	0.5675	0.5714	0.5753
0.2	0.5793	0.5832	0.5871	0.5910	0.5948	0.5987	0.6026	0.6064	0.6103	0.6141
0.3	0.6179	0.6217	0.6255	0.6293	0.6331	0.6368	0.6406	0.6443	0.648	0.6517
0.4	0.6554	0.6591	0.6628	0.6664	0.6700	0.6736	0.6772	0.6808	0.6844	0.6879
0.5	0.6915	0.6950	0.6985	0.7019	0.7054	0.7088	0.7123	0.7157	0.719	0.7224
0.6	0.7257	0.7291	0.7324	0.7357	0.7389	0.7422	0.7454	0.7486	0.7517	0.7549
0.7	0.758	0.7611	0.7642	0.7673	0.7703	0.7734	0.7764	0.7794	0.7823	0.7852
0.8	0.7881	0.791	0.7939	0.7967	0.7995	0.8023	0.8051	0.8078	0.8106	0.8133
0.9	0.8159	0.8186	0.8212	0.8238	0.8264	0.8289	0.8315	0.834	0.8365	0.8389
1.0	0.8413	0.8438	0.8461	0.8485	0.8508	0.8531	0.8554	0.8577	0.8599	0.8621
1.1	0.8643	0.8665	0.8686	0.8708	0.8729	0.8749	0.877	0.8790	0.8810	0.8830
1.2	0.8849	0.8869	0.8888	0.8907	0.8925	0.8944	0.8962	0.8980	0.8997	0.9015
1.3	0.9032	0.9049	0.9066	0.9082	0.9099	0.9115	0.9131	0.9147	0.9162	0.9177
1.4	0.9192	0.9207	0.9222	0.9236	0.9251	0.9265	0.9278	0.9292	0.9306	0.9319
1.5	0.9332	0.9345	0.9357	0.937	0.9382	0.9394	0.9406	0.9418	0.943	0.9441
1.6	0.9452	0.9463	0.9474	0.9484	0.9495	0.9505	0.9515	0.9525	0.9535	0.9545
1.7	0.9554	0.9564	0.9573	0.9582	0.9591	0.9599	0.9608	0.9616	0.9625	0.9633
1.8	0.9641	0.9648	0.9656	0.9664	0.9671	0.9678	0.9686	0.9693	0.9700	0.9706
1.9	0.9713	0.9719	0.9726	0.9732	0.9738	0.9744	0.9750	0.9756	0.9762	0.9767
2.0	0.9772	0.9778	0.9783	0.9788	0.9793	0.9798	0.9803	0.9808	0.9812	0.9817
2.1	0.9821	0.9826	0.983	0.9834	0.9838	0.9842	0.9846	0.985	0.9854	0.9857
2.2	0.9861	0.9864	0.9868	0.9871	0.9874	0.9878	0.9881	0.9884	0.9887	0.9890
2.3	0.9893	0.9896	0.9898	0.9901	0.9904	0.9906	0.9909	0.9911	0.9913	0.9916
2.4	0.9918	0.9920	0.9922	0.9925	0.9927	0.9929	0.9931	0.9932	0.9934	0.9936
2.5	0.9938	0.9940	0.9941	0.9943	0.9945	0.9946	0.9948	0.9949	0.9951	0.9952
2.6	0.9953	0.9955	0.9956	0.9957	0.9959	0.996	0.9961	0.9962	0.9963	0.9964
2.7	0.9965	0.9966	0.9967	0.9968	0.9969	0.997	0.9971	0.9972	0.9973	0.9974
2.8	0.9974	0.9975	0.9976	0.9977	0.9977	0.9978	0.9979	0.9979	0.9980	0.9981
2.9	0.9981	0.9982	0.9982	0.9983	0.9984	0.9984	0.9985	0.9985	0.9986	0.9986
3.0	0.9987	0.9987	0.9987	0.9988	0.9988	0.9989	0.9989	0.9989	0.999	0.9990
3.1	0.9990	0.9991	0.9991	0.9991	0.9992	0.9992	0.9992	0.9992	0.9993	0.9993
3.2	0.9993	0.9993	0.9994	0.9994	0.9994	0.9994	0.9994	0.9995	0.9995	0.9995
3.3	0.9995	0.9995	0.9995	0.9996	0.9996	0.9996	0.9996	0.9996	0.9996	0.9997
3.4	0.9997	0.9997	0.9997	0.9997	0.9997	0.9997	0.9997	0.9997	0.9997	0.9998

附表3 χ^2 分布表

$$P\{\chi^2(n) > \chi^2_\alpha(n)\} = \alpha$$

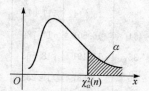

n \ α	0.995	0.99	0.975	0.95	0.90	0.10	0.05	0.025	0.01	0.005
1	0.000	0.000	0.001	0.004	0.016	2.706	3.843	5.025	6.637	7.882
2	0.010	0.020	0.051	0.103	0.211	4.605	5.992	7.378	9.210	10.597
3	0.072	0.115	0.216	0.352	0.584	6.251	7.815	9.348	11.344	12.837
4	0.207	0.297	0.484	0.711	1.064	7.779	9.488	11.143	13.277	14.860
5	0.412	0.554	0.831	1.145	1.610	9.236	11.07	12.832	15.085	16.748
6	0.676	0.872	1.237	1.635	2.204	10.645	12.592	14.44	16.812	18.548
7	0.989	1.239	1.69	2.167	2.833	12.017	14.067	16.012	18.474	20.276
8	1.344	1.646	2.18	2.733	3.490	13.362	15.507	17.534	20.09	21.954
9	1.735	2.088	2.7	3.325	4.168	14.684	16.919	19.022	21.665	23.587
10	2.156	2.558	3.247	3.94	4.865	15.987	18.307	20.483	23.209	25.188
11	2.603	3.053	3.816	4.575	5.578	17.275	19.675	21.92	24.724	26.755
12	3.074	3.571	4.404	5.226	6.304	18.549	21.026	23.337	26.217	28.300
13	3.565	4.107	5.009	5.892	7.041	19.812	22.362	24.735	27.687	29.817
14	4.075	4.66	5.629	6.571	7.790	21.064	23.685	26.119	29.141	31.319
15	4.600	5.229	6.262	7.261	8.547	22.307	24.996	27.488	30.577	32.799
16	5.142	5.812	6.908	7.962	9.312	23.542	26.296	28.845	32.000	34.267
17	5.697	6.407	7.564	8.672	10.085	24.769	27.587	30.19	33.408	35.716
18	6.265	7.015	8.231	9.390	10.865	25.989	28.869	31.526	34.805	37.156
19	6.843	7.632	8.906	10.117	11.651	27.203	30.143	32.852	36.19	38.580
20	7.434	8.260	9.591	10.851	12.443	28.412	31.410	34.17	37.566	39.997
21	8.034	8.897	10.283	11.591	13.240	29.615	32.670	35.478	38.930	41.399
22	8.643	9.542	10.982	12.338	14.042	30.813	33.924	36.781	40.289	42.796
23	9.260	10.195	11.688	13.090	14.848	32.007	35.172	38.075	41.637	44.179
24	9.886	10.856	12.401	13.848	15.659	33.196	36.415	39.364	42.98	45.558
25	10.519	11.523	13.120	14.611	16.473	34.381	37.652	40.646	44.313	46.925
26	11.160	12.198	13.844	15.379	17.292	35.563	38.885	41.923	45.642	48.290
27	11.807	12.878	14.573	16.151	18.114	36.741	40.113	43.194	46.962	49.642
28	12.461	13.565	15.308	16.928	18.939	37.916	41.337	44.461	48.278	50.993
29	13.12	14.256	16.047	17.708	19.768	39.087	42.557	45.722	49.586	52.333
30	13.787	14.954	16.791	18.493	20.599	40.256	43.773	46.979	50.892	53.672
31	14.457	15.655	17.538	19.28	21.433	41.422	44.985	48.231	52.190	55.000

续表

α \ n	0.995	0.99	0.975	0.95	0.90	0.10	0.05	0.025	0.01	0.005
32	15.134	16.362	18.291	20.072	22.271	42.585	46.194	49.48	53.486	56.328
33	15.814	17.073	19.046	20.866	23.11	43.745	47.4	50.724	54.774	57.646
34	16.501	17.789	19.806	21.664	23.952	44.903	48.602	51.966	56.061	58.964
35	17.191	18.508	20.569	22.465	24.796	46.059	49.802	53.203	57.34	60.272
36	17.887	19.233	21.336	23.269	25.643	47.212	50.998	54.437	58.619	61.581
37	18.584	19.96	22.105	24.075	26.492	48.363	52.192	55.667	59.891	62.880
38	19.289	20.691	22.878	24.884	27.343	49.513	53.384	56.896	61.162	64.181
39	19.994	21.425	23.654	25.695	28.196	50.66	54.572	58.119	62.426	65.473
40	20.706	22.164	24.433	26.509	29.05	51.805	55.758	59.342	63.691	66.766

附表 4　t 分布表

$P\{t(n) > t_\alpha(n)\} = \alpha$

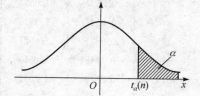

α \ n	0.20	0.15	0.10	0.05	0.025	0.01	0.005
1	1.376	1.963	3.0777	6.3138	12.7062	31.8207	63.6574
2	1.061	1.386	1.8856	2.92	4.3027	6.9646	9.9248
3	0.978	1.250	1.6377	2.3534	3.1824	4.5407	5.8409
4	0.941	1.190	1.5332	2.1318	2.7764	3.7469	4.6041
5	0.92	1.156	1.4759	2.015	2.5706	3.3649	4.0322
6	0.906	1.134	1.4398	1.9432	2.4469	3.1427	3.7074
7	0.896	1.119	1.4149	1.8946	2.3646	2.998	3.4995
8	0.889	1.108	1.3968	1.8595	2.306	2.8965	3.3554
9	0.883	1.100	1.383	1.8331	2.2622	2.8214	3.2498
10	0.879	1.093	1.3722	1.8125	2.2281	2.7638	3.1693
11	0.876	1.088	1.3634	1.7959	2.2010	2.7181	3.1058
12	0.873	1.083	1.3562	1.7823	2.1788	2.681	3.0545
13	0.87	1.079	1.3502	1.7709	2.1604	2.6503	3.0123
14	0.868	1.076	1.345	1.7613	2.1448	2.6245	2.9768
15	0.866	1.074	1.3406	1.7531	2.1315	2.6025	2.9467
16	0.865	1.071	1.3368	1.7459	2.1199	2.5835	2.9208
17	0.863	1.069	1.3334	1.7396	2.1098	2.5669	2.8982
18	0.862	1.067	1.3304	1.7341	2.1009	2.5524	2.8784
19	0.861	1.066	1.3277	1.7291	2.093	2.5395	2.8609
20	0.86	1.064	1.3253	1.7247	2.086	2.528	2.8453
21	0.859	1.063	1.3232	1.7207	2.0796	2.5177	2.8314
22	0.858	1.061	1.3212	1.7171	2.0739	2.5083	2.8188
23	0.858	1.06	1.3195	1.7139	2.0687	2.4999	2.8073
24	0.857	1.059	1.3178	1.7109	2.0639	2.4922	2.7969
25	0.856	1.058	1.3163	1.7081	2.0595	2.4851	2.7874
26	0.856	1.058	1.315	1.7056	2.0555	2.4786	2.7787
27	0.855	1.057	1.3137	1.7033	2.0518	2.4727	2.7707
28	0.855	1.056	1.3125	1.7011	2.0484	2.4671	2.7633
29	0.854	1.055	1.3114	1.6991	2.0452	2.462	2.7564
30	0.854	1.055	1.3104	1.6973	2.0423	2.4573	2.7500
31	0.8535	1.0541	1.3095	1.6955	2.0395	2.4528	2.7440

续表

n \ α	0.20	0.15	0.10	0.05	0.025	0.01	0.005
32	0.8531	1.0536	1.3086	1.6939	2.0369	2.4487	2.7385
33	0.8527	1.0531	1.3077	1.6924	2.0345	2.4448	2.7333
34	0.8524	1.0526	1.307	1.6909	2.0322	2.4411	2.7284
35	0.8521	1.0521	1.3062	1.6896	2.0301	2.4377	2.7238
36	0.8518	1.0516	1.3055	1.6883	2.0281	2.4345	2.7195
37	0.8515	1.0512	1.3049	1.6871	2.0262	2.4314	2.7154
38	0.8512	1.0508	1.3042	1.686	2.0244	2.4286	2.7116
39	0.8510	1.0504	1.3036	1.6849	2.0227	2.4258	2.7079
40	0.8507	1.0501	1.3031	1.6839	2.0211	2.4233	2.7045
41	0.8505	1.0498	1.3025	1.6829	2.0195	2.4208	2.7012
42	0.8503	1.0494	1.302	1.682	2.0181	2.4185	2.6981
43	0.8501	1.0491	1.3016	1.6811	2.0167	2.4163	2.6951
44	0.8499	1.0488	1.3011	1.6802	2.0154	2.4141	2.6923
45	0.8497	1.0485	1.3006	1.6794	2.0141	2.4121	2.6896

习题答案

第1章

1. (1) $S=\{HH,HT,TH,TT\}$； (2) $S=\{2,3,\cdots,12\}$； (3) $S=\{10,11,12,\cdots\}$；
 (4) $S=\{0,1,2,\cdots\}$； (5) $S=\{(x,y)|x^2+y^2<1\}$； (6) $S=\{x|x\geqslant 0\}$.

2. (1) $AB\bar{C}$； (2) $A\cup B\cup C$； (3) $(A\cup B)\bar{C}$； (4) ABC； (5) $\overline{ABC}$；
 (6) $\overline{A}B\bar{C}\cup \bar{A}B\bar{C}\cup \bar{A}\bar{B}C\cup ABC$； (7) $\overline{ABC}$或$\bar{A}\cup \bar{B}\cup \bar{C}$；
 (8) $AB\bar{C}\cup A\bar{B}C\cup \bar{A}BC$； (9) $AB\cup BC\cup AC$； (10) $\overline{ABC}$.

4. (1) $B_0=\bar{A}_1\bar{A}_2\bar{A}_3$； (2) $B_1=A_1\bar{A}_2\bar{A}_3\cup \bar{A}_1A_2\bar{A}_3\cup \bar{A}_1\bar{A}_2A_3$；
 (3) $B_2=A_1A_2\bar{A}_3\cup A_1\bar{A}_2A_3\cup \bar{A}_1A_2A_3$； (4) $B_4=A_1A_2A_3$.

5. (1) $\dfrac{1}{2}$； (2) $\dfrac{3}{8}$. 6. 0.2. 7. (1) $\dfrac{5}{8}$； (2) $\dfrac{3}{8}$.

8. $\dfrac{11}{15},\dfrac{4}{15},\dfrac{17}{20},\dfrac{3}{20},\dfrac{7}{60},\dfrac{7}{20}$. 9. 0.192.

10. $1-\dfrac{(n-1)^{k-1}}{n^k}$. 11. (1) $\dfrac{4}{9}$； (2) $\dfrac{2}{5}$.

12. (1) $\dfrac{C_3^1 C_{37}^2}{C_{40}^3}$； (2) $\dfrac{C_3^2 C_{37}^1}{C_{40}^3}$； (3) $\dfrac{C_3^3}{C_{40}^3}$； (4) $\dfrac{C_{37}^3}{C_{40}^3}$； (5) $1-\dfrac{C_{37}^3}{C_{40}^3}$.

13. (1) 0.4； (2) 0.6. 14. (1) $\dfrac{1}{12}$； (2) $\dfrac{1}{20}$. 15. 0.000 002 4.

16. (1) $\dfrac{3}{8}$； (2) $\dfrac{1}{16}$. 17. (1) 0.255； (2) 0.509； (3) 0.745； (4) 0.273.

18. 0.4. 19. $\dfrac{1}{3}$. 20. 0.25. 21. $\dfrac{2}{3}$. 22. $\dfrac{1}{45}$.

23. $\dfrac{3}{200}$. 24. (1) $\dfrac{28}{45}$； (2) $\dfrac{1}{45}$； (3) $\dfrac{16}{45}$； (4) $\dfrac{1}{5}$.

25. (1) $\dfrac{3}{10}$； (2) $\dfrac{3}{5}$. 26. $\dfrac{1}{n}$. 27. 0.973. 28. 0.5. 29. 0.44.

30. $\dfrac{20}{21}$. 31. (1) $\dfrac{3}{2}p-\dfrac{1}{2}p^2$； (2) $\dfrac{2p}{p+1}$.

32. (1) 0.4； (2) 0.4856. 33. (1) 0.785； (2) 0.372. 34. $\dfrac{3}{5}$.

35. 0.398. 36. (1) 0.72； (2) 0.98； (3) 0.26.

38. 采用五局三胜制有利. 39. (1) 0.458； (2) 0.537.

40. $2p^2+2p^3-5p^4+2p^5$.

第 2 章

1. $c=\dfrac{37}{38}$.　2. $c=\dfrac{16}{37}$.

3.

X	0	1	2	3
p	$\dfrac{1}{2}$	$\dfrac{1}{4}$	$\dfrac{1}{8}$	$\dfrac{1}{8}$

4.

X	2	3	4	5	6	7	8	9	10	11	12
p	$\dfrac{1}{36}$	$\dfrac{2}{36}$	$\dfrac{3}{36}$	$\dfrac{4}{36}$	$\dfrac{5}{36}$	$\dfrac{6}{36}$	$\dfrac{5}{36}$	$\dfrac{4}{36}$	$\dfrac{3}{36}$	$\dfrac{2}{36}$	$\dfrac{1}{36}$

Y	1	2	3	4	5	6
p	$\dfrac{11}{36}$	$\dfrac{9}{36}$	$\dfrac{7}{36}$	$\dfrac{5}{36}$	$\dfrac{3}{36}$	$\dfrac{1}{36}$

5.

X	0	1	2
p	$\dfrac{22}{35}$	$\dfrac{12}{35}$	$\dfrac{1}{35}$

6. $P\{X=k\}=(1-p)^{k-1}p, k=1,2,\cdots$.

7. $\dfrac{1}{4},\dfrac{1}{2},\dfrac{3}{4},\dfrac{1}{2}$.

8. (1) 0.072 9;　(2) 0.008 56;　(3) 0.999 54;　(4) 0.409 51.

9. 0.163,　(2) 0.353.　10. (1) 0.321,　(2) 0.243.

11. (1) 0.0902,　(2) 0.6767.　12. (1) 0.0298,　(2) 0.5665.　13. 0.0047.

14. $F(x)=\begin{cases}0, & x<-1,\\ 0.25, & -1\leqslant x<2,\\ 0.75, & 2\leqslant x<3,\\ 1, & x\geqslant 3.\end{cases}$　0.5,　0.7.

15. $a=1, b=-1, \mathrm{e}^{-1}-\mathrm{e}^{-2}$.

17. (1) $\ln 2, 1, \ln\dfrac{5}{4}$;　(2) $F(x)=\begin{cases}\dfrac{1}{x}, & 1<x<\mathrm{e},\\ 0, & 其他.\end{cases}$

18. (1) $\frac{1}{2}$, (2) $\frac{\sqrt{2}}{4}$, (3) $F(x)=\begin{cases} 0, & x<-\frac{\pi}{2}, \\ \frac{1}{2}(1+\sin x), & -\frac{\pi}{2}\leqslant x<\frac{\pi}{2}, \\ 1, & x\geqslant -\frac{\pi}{2}, \end{cases}$

19. (1) $\frac{1}{2}$, (2) $\frac{1}{2}(1-e^{-1})$, (3) $F(x)=\begin{cases} \frac{1}{2}e^x, & x\leqslant 0, \\ 1-\frac{1}{2}e^{-x}, & x>0. \end{cases}$

20. $\frac{2}{3}, \frac{8}{27}, \frac{80}{81}$. 21. $\frac{3}{5}$. 22. $1-e^{-1}$.

23. $P\{Y=k\}=C_5^k(e^{-2})^k(1-e^{-2})^{5-k} k=0,1,2,3,4,5; P\{Y\geqslant 1\}=0.5167$.

24. (1) 0.990 6, 0.000 5, 0.876 4; (2) 1.96.

25. (1) 0.532 8, 0.999 6, 0.697 7, 0.5; (2) $c=3$.

26. $x>1.65$.

27. 0.927 0; (2) $d=3.3$.

28. 0.045 6.

29. (1) 0.869 8; (2) 0.380 1.

30. 31.20.

31. (1) 0.022 8; (2) $d>81.1635$.

32. (1)

Y	−5	−3	1	5
p	0.3	0.3	0.2	0.2

(2)

Y	0	2	3
p	0.2	0.5	0.3

33.

Y	0	1	4
p	0.1	0.7	0.2

34. (1) $f_Y(y)=\begin{cases} \frac{1}{3}, & 1<y<4, \\ 0, & 其他. \end{cases}$

(2) $f_Y(y)=\begin{cases} \frac{1}{y}, & 1<y<e, \\ 0, & 其他. \end{cases}$

(3) $f_Y(y)=\begin{cases} \frac{1}{2}e^{-\frac{y}{2}}, & y>0, \\ 0, & 其他. \end{cases}$

35. (1) $f_Y(y)=\begin{cases}\dfrac{y^2}{18}, & -3<y<3,\\ 0, & \text{其他}.\end{cases}$

(2) $f_Y(y)=\begin{cases}\dfrac{3(3-y)^2}{2}, & 2<y<4,\\ 0, & \text{其他}.\end{cases}$

(3) $f_Y(y)=\begin{cases}\dfrac{3\sqrt{y}}{2}, & 0<y<1,\\ 0, & \text{其他}.\end{cases}$

36. (1) $f_Y(y)=\begin{cases}\dfrac{1}{2}\mathrm{e}^{-\frac{y-1}{2}}, & y>1,\\ 0, & \text{其他}.\end{cases}$

(2) $f_Y(y)=\begin{cases}\dfrac{1}{y^2}, & y>1,\\ 0, & \text{其他}.\end{cases}$

(3) $f_Y(y)=\begin{cases}\dfrac{1}{2\sqrt{y}}\mathrm{e}^{-\sqrt{y}}, & y>0,\\ 0, & \text{其他}.\end{cases}$

37. (1) $f_Y(y)=\begin{cases}\dfrac{1}{y\sqrt{2\pi}}\mathrm{e}^{-\frac{(\ln y)^2}{2}}, & y>1,\\ 0, & \text{其他}.\end{cases}$

(2) $f_Y(y)=\begin{cases}\dfrac{1}{2\sqrt{\pi(y-1)}}\mathrm{e}^{-\frac{y-1}{4}}, & y>1,\\ 0, & \text{其他}.\end{cases}$

(3) $f_Y(y)=\begin{cases}\sqrt{\dfrac{2}{\pi}}\mathrm{e}^{-\frac{y^2}{2}}, & y>0,\\ 0, \text{其他}.\end{cases}$

38. $f_Y(y)=\begin{cases}\dfrac{2}{\pi\sqrt{1-y^2}}, & 0<y<1,\\ 0, & \text{其他}.\end{cases}$

第3章

1. (1) (X,Y)的分布律

X \ Y	1	2
1	0.25	0.25
2	0.25	0.25

(2) $P\{X\geqslant Y\}=0.75$.

习题答案

2. (1) 有放回摸球情况：

X \ Y	0	1
0	$\frac{9}{25}$	$\frac{6}{25}$
1	$\frac{6}{25}$	$\frac{4}{25}$

(2) 不放回摸球情况：

X \ Y	0	1
0	$\frac{6}{20}$	$\frac{6}{20}$
1	$\frac{6}{20}$	$\frac{2}{20}$

3. X, Y 的联合分布律

X \ Y	0	1	2	3
0	0	0	$\frac{3}{35}$	$\frac{2}{35}$
1	0	$\frac{6}{35}$	$\frac{12}{35}$	$\frac{2}{35}$
2	$\frac{1}{35}$	$\frac{6}{35}$	$\frac{3}{35}$	0

4.

X \ Y	0	1	2
0	0	0	$\frac{1}{4}$
1	0	$\frac{1}{2}$	0
2	$\frac{1}{4}$	0	0

5.

X \ Y	0	1	2
0	0.16	0.32	0.16
1	0.08	0.16	0.08
2	0.01	0.02	0.01

6. (1) $k=6$；(2) $P\{X+Y<1\}=\frac{1}{4}$.

7. $F(x,y)=\begin{cases} \left(1-\dfrac{1}{x}\right)\left(1-\dfrac{1}{y}\right), & x>1, y>1, \\ 0, & \text{其他}. \end{cases}$

8. (1) $A=\dfrac{1}{8}$; (2) $P(X<1,Y<1)=\dfrac{1}{8}$; (3) $P(X+Y\leqslant 3)=1$.

9. (1) $A=2$ (2) $F(x,y)=\begin{cases}(1-e^{-x})(1-e^{-2y}), & x>0,y>0,\\ 0, & 其他.\end{cases}$

(3) $P\{0<X\leqslant 1,0<Y\leqslant 2\}=(1-e^{-1})(1-e^{-4})$.

10. (1) 放回抽样边缘分布律：

Y \ X	0	1	$p_i.$
0	$\dfrac{9}{25}$	$\dfrac{6}{25}$	$\dfrac{3}{5}$
1	$\dfrac{6}{25}$	$\dfrac{4}{25}$	$\dfrac{2}{5}$
$p._j$	$\dfrac{3}{5}$	$\dfrac{2}{5}$	

(2) 不放回抽样边缘分布律

Y \ X	0	1	$p_i.$
0	$\dfrac{6}{20}$	$\dfrac{6}{20}$	$\dfrac{3}{5}$
1	$\dfrac{6}{20}$	$\dfrac{2}{20}$	$\dfrac{2}{5}$
$p._j$	$\dfrac{3}{5}$	$\dfrac{2}{5}$	

11.

Y \ X	1	2	3
1	$\dfrac{1}{3}$	0	0
2	$\dfrac{1}{6}$	$\dfrac{1}{6}$	0
3	$\dfrac{1}{9}$	$\dfrac{1}{9}$	$\dfrac{1}{9}$

12. $f_X(x)=\begin{cases}2.4x^2(2-x), & 0\leqslant x\leqslant 1,\\ 0 & 其他.\end{cases}$ $f_Y(y)=\begin{cases}2.4y(3-4y+y^2), & 0\leqslant y\leqslant 1,\\ 0 & 其他.\end{cases}$

13. (1) $c=\dfrac{21}{4}$. (2) $X\sim f_X(x)=\begin{cases}\dfrac{21}{8}x^2(1-x^4), & -1\leqslant x\leqslant 1,\\ 0, & 其他.\end{cases}$

$Y\sim f_Y(y)=\begin{cases}\dfrac{7}{2}y^{\frac{5}{2}}, & 0\leqslant y\leqslant 1,\\ 0, & 其他.\end{cases}$

14. $f_X(x)=\begin{cases}6(x-x^2), & 0\leqslant x\leqslant 1,\\ 0 & 其他,\end{cases}$ $f_Y(y)=\begin{cases}6(\sqrt{y}-y), & 0\leqslant y\leqslant 1,\\ 0, & 其他.\end{cases}$

15. 在 $X=1$ 条件下随机变量 Y 的条件分布律为

$Y=k$	1	2	3
$P\{Y=k, X=1\}$	$\dfrac{1}{6}$	$\dfrac{1}{3}$	$\dfrac{1}{2}$

16. $P\{Y=2\mid X=1\}=\dfrac{6}{23}$.

17. $f_X(x)=\begin{cases}\dfrac{15x^2(1-x^2)}{2}, & 0<x<1, \\ 0, & \text{其他}.\end{cases}$

当 $0<x<1$,有 $f_{Y\mid X}(y\mid x)=\begin{cases}\dfrac{2y}{1-x^2}, & x<y<1, \\ 0, & \text{其他}.\end{cases}$

18. 当 $|y|<1$ 时,$f_{X\mid Y}(x\mid y)=\begin{cases}\dfrac{1}{1-|y|}, & |y|<x<1, \\ 0, & \text{其他}.\end{cases}$

当 $0<x<1$ 时,$f_{Y\mid X}(y\mid x)=\begin{cases}\dfrac{1}{2x}, & |y|<x, \\ 0, & \text{其他}.\end{cases}$

19. (1) (X,Y) 的边缘分布律

X \ Y	1	2	$p_{i\cdot}$
1	$\dfrac{1}{9}$	$\dfrac{2}{9}$	$\dfrac{1}{3}$
2	$\dfrac{1}{6}$	$\dfrac{1}{3}$	$\dfrac{1}{2}$
3	$\dfrac{1}{18}$	$\dfrac{1}{9}$	$\dfrac{1}{6}$
$p_{\cdot j}$	$\dfrac{1}{3}$	$\dfrac{2}{3}$	

(2) X,Y 相互独立.

20. $p=\dfrac{1}{10}, q=\dfrac{2}{15}$.

21. (1) $f_X(x)=\begin{cases}\dfrac{1}{2}+x, & 0\leqslant x\leqslant 1, \\ 0, & \text{其他},\end{cases}$ $f_Y(y)=\begin{cases}\dfrac{1}{2}+y, & 0\leqslant y\leqslant 1, \\ 0, & \text{其他}.\end{cases}$

(2) $f_X(x)f_Y(y)=\begin{cases}\left(\dfrac{1}{2}+y\right)\left(\dfrac{1}{2}+x\right), & 0\leqslant x\leqslant 1, 0\leqslant y\leqslant 1, \\ 0, & \text{其他}.\end{cases}\neq f(x,y).$

所以 X,Y 不相互独立.

22. (1) $f(x,y)=\begin{cases}1, & 0<x<1, 0<y<2x, \\ 0, & \text{其他}.\end{cases}$

(2) $f_X(x)=\begin{cases}2x, & 0<x<1, \\ 0, & \text{其他}.\end{cases}$ $f_Y(y)=\begin{cases}1-\dfrac{1}{2}y, & 0<y<2. \\ 0, & \text{其他}.\end{cases}$

(3) X,Y 不相互独立.

23.

(1)
Z	-2	-1	0	1	2
p	0.1	0.2	0.25	0.3	0.15

(2)
M	-1	0	1
p	0.1	0.2	0.7

(3)
W	-1	0	1
p	0.25	0.5	0.25

(4)
N	-1	0	1
p	0.55	0.3	0.15

24. (1) $f_X(x)=\begin{cases}2-2x, & 0\leqslant x\leqslant 1,\\ 0, & 其他.\end{cases}$ (2) $f_Z(z)=\begin{cases}2z, & 0\leqslant z\leqslant 1,\\ 0, & 其他.\end{cases}$

25. $(0.1587)^4=0.00063.$ 26. $0.0274.$ 27. $f_Z(z)=\begin{cases}z, & 0<z<1,\\ 2-z, & 1\leqslant z\leqslant 2,\\ 0, & 其他.\end{cases}$

28. (1) $f(x,y)=\begin{cases}\dfrac{1}{2}e^{-\frac{y}{2}} & 0<x<1, y>0,\\ 0, & 其他.\end{cases}$

(2) $1-\sqrt{2\pi}(\Phi(1)-\Phi(2))=1-\sqrt{2\pi}(0.8413-0.5)=0.1445.$

29. $f_T(t)=\begin{cases}25te^{-5t}, & t>0,\\ 0, & t\leqslant 0.\end{cases}$

30. $M=\max(X,Y)$ 的概率密度为 $f_M(z)=\begin{cases}0, & z<0,\\ ze^{-z}-e^{-z}+1, & 0\leqslant z\leqslant 1,\\ e^{-z}, & z>1.\end{cases}$

$N=\min(X,Y)$ 的概率密度 $f_N(z)=\begin{cases}(2-z)e^{-z}, & 0\leqslant z\leqslant 1,\\ 0, & 其他.\end{cases}$

第 4 章

1. (1) $E(X)=1.3$; (2) $E(X^2)=3.3.$
2. $a=0.2, b=0.4, c=0.4$;
3.

X	2	3
p	$\dfrac{3}{5}$	$\dfrac{2}{5}$

$E(X)=2.5.$

4. $E(X)=4.$ 5. 1.193 次.

6. (1) $a=0.3$, (2) $E(X)=-0.2$, (3) $E(3X^2+5)=13.4.$

习题答案

7. (1) $E(X)=\dfrac{2}{3}$ (2) $E(X)=0$.

8. (1) $E(X)=\dfrac{8}{3}$; (2) $E\left(\dfrac{1}{X+1}\right)=32-8\ln5$; (3) $E(X^2)=8$.

9. $a=\dfrac{3}{5}, b=\dfrac{6}{5}$.

10.

Y	1500	2000	2500	3000
p	0.0952	0.0861	0.0779	0.7408

$E(Y)=2732.15$.

11. $E(X)=1500$ 分.   12. $E(X)=1$.

13. 2750 吨.

14. $E(Y)=\dfrac{3}{4}, E\left(\dfrac{1}{XY}\right)=\dfrac{3}{5}$.

15. $E(X)=8.784$ 次.

16. (1) $E(X)=2, E(Y)=0$, (2) $E(Z)=-\dfrac{1}{15}$, (3) $E(Z)=5$.

17. $E(X+Y)=\dfrac{3}{2}$.

18. (1) $E(X)=\dfrac{4}{5}$, (2) $E(Y)=\dfrac{3}{5}$, (3) $E(XY)=\dfrac{1}{2}$.

19. 5π.

20. (1) $E(X_1+X_2)=\dfrac{3}{4}$, (2) $E(2X_1-3X_2^2)=\dfrac{5}{8}$, (3) $E(X_1X_2)=\dfrac{1}{8}$.

21. $\dfrac{n+1}{2}$.   22. $a=12$ $b=-12$ $c=3$.

23. $D(X)=2.4$.   24. $E(X)=1, D(X)=\dfrac{1}{6}$.

25. (1) $E(X)=\dfrac{1}{2}, D(X)=\dfrac{1}{12}$ (2) $E(Y)=1, D(Y)=\dfrac{1}{3}$.

26. (1) $E(2X+Y+2)=3$, $D(2X+Y+2)=68$;

(2) $E(-2X+5Y)=17, D(-2X+5Y)=164$.

27. $E(Y)=1, D(Y)=20$.   28. $E(\overline{X})=\mu, D(\overline{X})=\dfrac{\sigma^2}{n}$.   29. $\text{Cov}(X,Y)=0$.

30. (1) $\text{Cov}(X,Y)=0$,   (2) $\rho_{XY}=0$.

31. (1) $E(X)=\dfrac{7}{6}$, (2) $E(Y)=\dfrac{7}{6}$, (3) $\text{Cov}(X,Y)=-\dfrac{1}{36}$,

(4) $\rho_{XY}=-\dfrac{1}{11}$,   (5) $D(X+Y)=\dfrac{5}{9}$.

32. (1) $E(X)=\dfrac{1}{2}$, (2) $E(Y)=\dfrac{2}{5}$, (3) $\text{Cov}(X,Y)=\dfrac{1}{20}$, (4) $D(X+Y)=\dfrac{143}{700}$.

33. (1) $E(X)=\dfrac{2}{3}$, (2) $E(Y)=\dfrac{2}{3}$, (3) $\text{Cov}(X,Y)=\dfrac{1}{18}$, (4) $\rho_{XY}=\dfrac{1}{2}$.

34. $\rho_{Z_1Z_2}=\dfrac{\text{Cov}(Z_1,Z_2)}{\sqrt{DZ_1}\sqrt{DZ_2}}=\dfrac{(\alpha^2-\beta^2)}{(\alpha^2+\beta^2)}$.   35. 39 袋.

第 5 章

1. 0.0062.   2. (1) 0.8944；(2) 0.1379,   3. 0.0000045.
4. 0.271.   5. 269.   6. 2265.   7. 0.348.   8. 0.1814.
9. 272a.   10. (1) 0.1357；(2) 0.9938.   11. 0.00135.
12. (1) 0；(2) 0.5   13. $\dfrac{1}{12}$.   14. 0.0062.   15. 62.

第 6 章

1. 25.   2. 0.05.   3. 5.43.   4. 0.0000045.   5. $\dfrac{1}{3}$.   6. $\sqrt{\dfrac{3}{2}}$.

7. σ^2.   8. $2(n-1)\sigma^2$.   9. 2.   10. (1) 0.99, (2) $\dfrac{2\sigma^4}{15}$.

第 7 章

1. $\hat{\mu}=\overline{X}=74.002, \hat{\sigma}^2=\dfrac{1}{n}\sum\limits_{i=1}^{n}(X_i-\bar{x})^2=6\times 10^{-6}, S^2=6.86\times 10^{-6}$.

2. 矩估计量为 (1) $\hat{\theta}=\dfrac{\overline{X}}{\overline{X}-c}$,   (2) $\hat{\theta}=\left(\dfrac{\overline{X}}{1-\overline{X}}\right)^2$,   (3) $\hat{p}=\dfrac{\overline{X}}{m}$.

3. 最大似然估计量为 (1) $\hat{\theta}=\dfrac{n}{\sum\limits_{i=1}^{n}\ln x_i-n\ln c}$,   (2) $\hat{\theta}=\dfrac{n^2}{\left(\sum\limits_{i=1}^{n}\ln x_i\right)^2}$ (3) $\hat{p}=\dfrac{\overline{X}}{m}$.

4. (1) $E(X)=5$；(2) $\hat{\theta}=\overline{X}$.   5. $\hat{\alpha}=-\left(1+\dfrac{n}{\sum\limits_{k=1}^{n}\ln x_k}\right)$.

6. 最大似然估计量及矩估计量均为 $\hat{\lambda}=\overline{X}$.   7. 最大似然估计值为 $\beta=0.5$.

8. 最大似然估计值为 $\hat{\theta}=\min\{x_1,x_2,\cdots,x_n\}$.   9. 矩估计量和最大似然估计值均为 $\dfrac{5}{6}$.

10. $c=\dfrac{1}{2(n-1)}$.   11. $\overline{X},S^2,\alpha\overline{X}+(1-\alpha)S^2$ 都是参数 λ 的无偏估计量.

12. (1) T_1,T_3 是 μ 的无偏估计量；(2) T_3 比 T_1 有效.
13. (2.121, 2.129).   14. (1) (5.608, 6.392)；(2) (5.558, 6.442).
15. (99.77, 100.23).   16. (56.215, 57.645).

17. (17.81, 30.06).
18. (7.4, 21.1).
19. (0.0138, 0.0429).
20. (1) σ 已知 6.329; (2) σ 未知 6.356.
21. 置信下限为 40.69

第 8 章

1. 认为该厂生产的袋装食盐的平均袋重不足 500g.
2. 认为该机没有正常工作.
3. 采用新工艺生产的元件平均寿命较以往有显著变化.
4. 拒绝原假设 H_0, 即认为这批元件不合格.
5. 可以认为新油的辛烷平均等级比原燃料平均等级偏低
6. 经过较长时间储存后, 这批枪弹的初速度已经变小了.
7. 接受原假设 H_0, 即认为该日生产的瓶装饮料的平均重量是 500g.
8. 解拒绝原假设 H_0, 即认为该厂生产的零件的平均长度是 2050mm.
9. 接受 H_1 即认为自动装罐机工作正常.
10. 接受 H_1 即认为自动装罐机工作正常.
11. 拒绝原假设 H_0, 即不可以接受这批螺杆直径均值为 21.
12. 可以认为元件的平均寿命 μ 不大于 225(h).
13. 可以认为装配时间的均值显著大于 10.
14. 可以认为该农药经三个月后仍有残效.
15. 以认为这批保险丝熔化时间的标准差 $\sigma=12$.
16. 不可以认为这批轴料的椭圆度的方差为 0.0004.
17. 该运动员跳远成绩的总体方差不大于 0.1.
18. 认为改天生产的钢板重量不符合要求?